BEI GRIN MACHT SICH IHR WISSEN BEZAHLT

- Wir veröffentlichen Ihre Hausarbeit, Bachelor- und Masterarbeit

- Ihr eigenes eBook und Buch - weltweit in allen wichtigen Shops

- Verdienen Sie an jedem Verkauf

Jetzt bei www.GRIN.com hochladen und kostenlos publizieren

Michael Dienst

Fast Fluid Computation, FFC (beinahe Strömungsberechnung)

Das Traglinienverfahren zur Analyse einfacher Tragflächen

GRIN Verlag

Fast Fluid Computation, FFC
(beinahe Strömungsberechnung)

Das Traglinienverfahren zur Analyse einfacher Tragflächen

BIONIC RESEARCH UNIT der Beuth Hochschule Berlin
Michael Dienst
Berlin im Mai 2016

Intro. In den Naturwissenschaften und in der Technik sind es fluidmechanische Fragestellungen, die sowohl einen hohen strukturellen Aufwand (Windkanäle, Strömungsmessstrecken), ausgefeilte numerische Methoden (Strömungssimulation, Computational Fluid Dynamics, CFD) als auch eine sehr hohe theoretische Sachverständigkeit aller Beteiligten fordern. Die numerische Strömungsmechanik ist eine Schlüsselkompetenz in der Ingenieurausbildung. Der Einsatz professioneller CFD-Software trägt diesem Anspruch Rechnung. Gefragt sind bedienfreundliche, ingenieurdidaktisch kluge Instrumente zur Vermittlung von Grundlagen der Strömungslehre, Methoden der numerischen Strömungssimulation und der praxisrelevanten Nutzung eingebundener Programmsysteme, kurz: eine Software für den Lehrbetrieb in der der Laborausbildung die die Studierenden einlädt und ermutigt, das experimentell Erfahrene und das theoretisch Erarbeitete in einer Computersimulation nachzustellen, oder selbst gestellte Aufgaben eigenverantwortlich und mit einer selbst gewählten Geschwindigkeit des Voranschreitens zu lösen. Von wissenschaftlicher Relevanz für die Hochschule sind Berechnungsprogramme, insbesondere Strömungslöser, die sich in projektspezifische Umgebungen einbetten lassen. Dazu wird die Aufbereitung anwendungs-freundlicher Schnittstellen zu Berechnungsanwendungen (Matlab, SciLab, Maple) aus dem Forschungsalltag angestrebt. Wirtschaftlich und technologisch relevant sind Computerprogramme, die auch kundenspezifische Aufgaben lösen. Besondere Anforderungen an Hard- und Anwendungssoftware stellt die Simulation insbesondere dann, wenn schnelle Berechnungsergebnisse und Lösungen erforderlich sind. Strömungsdarstellungen in virtuellen Räumen, wie etwa einer CAVE[1] verlangen Berechnungen, die nahe an der Echtzeit rangieren. In Zukunft werden CAVE-Systeme nicht nur im Bereich der computer-unterstützten Konstruktion (CAD) eingesetzt, um Entwicklern in einem dreidimensionalen Panoramasystem das spätere Aussehen von Bauteilen, Komponenten oder ganzen Maschinenanlagen zu vermitteln, sondern angestrebt werden Szenarien, in denen physikalische Wechselwirkungen, etwa simulierte Strömungen in Echtzeit manipuliert und dargestellt werden können. Rezente CFD-Pragramme lösen diese Aufgabe selbst dann nicht, wenn in einem ersten Hub auf exakte Berechnungen verzichtet werden darf. Genau hier setzt der Interventionsaufsatz an zum Thema „**F**ast **F**luid **C**omputation (FFC)", was ich - nicht ohne Ironie - mit „beinahe" Strömungsberechnung übersetzen möchte. Das Papier behandelt einen „schmutzigen" Lösungsansatz der Fluidmechanik.

Die ersten kommerziellen CFD Simulationsprogramme waren PHOENICS (1981), Fluent (1983), Flow-3D (1985). Das Bearbeiten fluidmechanischer Frage-stellungen war aufgrund der Komplexität nichtlinearer Differential-gleichungen auf die wenigen Spezialfälle beschränkt, für die analytische Berechnungen bekannt waren.

Potentiallöser sind gitterlose und in der Regel zweidimensionale Berechnungs-verfahren. Unter der Voraussetzung reibungsfreier, inkompressibler Strömung lassen sich mit potentialtheoretischen Berechnungsverfahren unter bestimm-ten Voraussetzungen treffende Aussagen über Strömungs-größen nahe der Außenkontur (ausgesuchter) Strömungskörper machen. Mit dem Ansatz reibungsfreier Strömung können wichtige Erkenntnisse im Verhalten umströmter Körper gewonnen werden. Potentialströmungen fordern als zusätzliches Kriterium Rotationsfreiheit der Strömung (Wirbel hingegen sind drehungsbehaftete Strömungen). Aufgrund der sehr kurzen Berechnungszeiten von einigen Sekunden oder Minuten (Faktor 1/1000 gegenüber rezenten CFD-Programmen) werden Potentiallöser anstelle von gemittelten Navier-Stokes Lösern (RANSE). Die nachfolgenden Ausführungen betreffen potentialtheo-retische Untersuchungen an Profilen für Tragflügel, die im Medium Wasser arbeiten. Zur Simulation fluidmechanischer Phänomene an Seefahrzeugen sind Potentiallöser die meistgenutzten Analysewerkzeuge.

---

[1] Cave Automatic Virtual Environment, abgekürzt: CAVE;

Für das Lösen strömungsdynamischer Probleme werden numerische Methoden eingesetzt. Die Numerik behandelt rechnerischer Lösungswege (Algorithmen) für kontinuierliche Probleme; es sind Näherungsverfahren, die statt exakter Lösungen von Differentialgleichungen Approximationen liefern. Die Anwendung numerischer Verfahren zur Lösung praktischer Fälle erfordert den Einsatz hochperformanter Hardware. CFD umfasst neben der mathematischen Betrachtung (Aufstellen und Lösen gekoppelter Differential-gleichungen und Randbedingungen mittels algebraischer Gleichungssysteme) auch vorbereitende Arbeiten und die Aufbereitung und Auswertung der Ergebnisse.

Eine Phänomenologie im Sinne einer niedrigschwelligen Betrachtungsweise umströmter Körper kann mit dem Ansatz der reibungsfreien und rotorfreien Potentialströmung aufgebaut werden (Potentialtheorie). Die Potentialtheorie beschäftigt sich mit dem Aufstellen und Lösen der Potentialgleichungen, unter Berücksichtigung spezieller Randbedingungen. Wir betrachten in diesem Aufsatz nur ebene Strömungsfelder. Wegen der Linearität der Gleichungen gilt für Potentialströmungen das Superpositionsprinzip, das die Darstellung und Berechnung komplexer Lösungen aus der Überlagerung von einfachen Strömungen für die Elementarlösungen erlaubt.

Drehungsbehaftete Strömungen sind Wirbelströmungen. Unter der Drehung einer Strömung stelle ich mir die Rotation einzelner Fluidteilchen um ihre eigene Achse vor. Für Potentialströmungen ist die Zirkulation immer dann Null, wenn keine Festkörper oder Singularitäten eingeschlossen werden. Mit der Zirkulation lassen sich Wirbelstärke und Auftriebskräfte berechnen.

Als Potential werden in der Mathematik formal Skalarfunktionen bezeichnet, deren partielle Ableitung eine Größe mit physikalischer Bedeutung angibt. Ist eine Strömung wirbelfrei so folgen aus dem Gradienten der Feldfunktion die Geschwindigkeitskomponenten der Strömung. Bei wirbelfreien Strömungen sind die Vektorkomponenten nicht mehr unabhängig voneinander sondern über das Potential verbunden. Nach dem Satz von Kutta-Joukowsky kann die auftriebsbehaftete Umströmung eines Profils als Kombination aus Parallel- und Zirkulationsströmung betrachtet werden, wenn die (Kutta'sche) Abfluss-bedingung erfüllt ist. Diese fordert ein glattes Abströmen des Fluids an der Hinterkante.

Leit- und Steuertragflächen kleiner Seefahrzeuge

Surfboardfinnen sind als Leit- und Steuertragflächen im Bereich des Hecks von Surfboards wirksam. Das Manövrieren erfolgt mit körperkontrollierten, dem

Board aufgezwungenen Bewegungen und diese wiederum durch Gewichts-verlagerung des Surfers, der Surferin. Surfboardfinnen sind wahrscheinlich die elementarsten Leit- und Steuertragflächen für Seefahrzeuge überhaupt. Für die Montage von unterschiedlichen Finnen an Surfboards existieren standardisierte Einbauflansche verschiedener Hersteller. Die Konstruktion einer Surfboardfinne besteht aus wenigen Einzelteilen. In der Regel finden wir bei einem Surfboard eine Box vor, in die der fluidmechanisch wirksame Tragflügel der Finne formschlüssig eingesteckt wird (PLUG). Die meisten Hersteller bevorzugen Flansche, die primär kraftschlüssig verbinden. Für Surfboards in Fahrt und beim Manövrieren ist neben der hohen mechanischen Belastung der strömungs-mechanisch wirksamen Bauteile die optimale und an Strömungswiderständen arme Funktionsweise entscheidend für die Fahrleistung. Grundsätzlich sind bei leistungsoptimierten Seefahrzeugen und all ihren Bauteilen Robustheit und Anpassungsfähigkeit (Resilienz), perfekte Funktion und lange Lebensdauer bei geringem Gewicht von Bedeutung.

Der Betriebsbereich von Surfboardfinnen
Zum Lateralplan eines Seefahrzeugs tragen alle fluidmechanisch wirksamen Flächen im Unterwasserbereich bei. Unter den Leit- und Steuertragflächen der Seefahrzeuge sind – neben kleinen Spoilern und Anflügeln vielleicht – Surfboardfinnen die kleinsten Flächeneinheiten. Gleichzeitig stellen sie, abgesehen von der in Verdrängerfahrt projezierten Fläche des Surfboard-Halbtauchers selbst, den totalen Lateralplan dieser aufgleitenden, kleinen Seefahrzeuge. Damit kommt ihnen die Aufgabe zu, den wesentlichen Anteil der erforderlichen Querkraft zu erzeugen. Im Vergleich zu anderen kleinen Seefahrzeugen, Jollen oder kleinen Yachten und ihren Lateralflächen, dem Schwert und den Ruderanlagen, ist der Geschwindigkeitsbereich in denen Surfboards betrieben werden relativ groß. Im Normalbetrieb werden zwar die Geschwindigkeiten der Rekordfahrten der rezenten Segelsurfboards von 25 ms^{-1} (90 kmh^{-1}) nicht erreicht, doch gleitet die Surferin (der Surfer) mit enorm hoher Geschwindigkeit über die Wasseroberfläche und absolut über Grund. In Brandungs- und Seegangswellen flitzt die Surferin, getrieben von der Schwerkraft, einen „sehr ausgedehnten, sich permanent erneuernden Hang" hinunter. Dem Theoretiker erscheint die Annahme einer theoretischen maximalen Anströmgeschwindigkeit von $v_B=15$ ms^{-1} (ca. 54 kmh^{-1}) als gerechtfertigt. Solange der Surfer auf dem Wellenhang bleibt, wird eine hohe Anströmgeschwindigkeit an der Finne beibehalten. Auf der anderen Seite der

Skala, im unteren Geschwindigkeitsbereich spielt das „Infahrtkommen" und die Manövrier- und Traktionsfähigkeit in dieser Phase eine entscheidende Rolle. Je größer eine Welle ist, umso mehr Geschwindigkeit benötigt man zum Angleiten der Welle und für den Start, damit das Board stabil läuft und ein sicherer „Take Off" gelingt. Das Manövrieren bei geringer Geschwindigkeit fordert hochgradig leistungsfähige Lateralsysteme, da die zum Lenken benötigte Querkraft[2] zwar quadratisch mit der Geschwindigkeit steigt, aber nahe dem Stillstand eben auch nur sehr klein sein kann. Damit ist das Geschwindigkeit-Spektrum ausgelotet und erste Anforderungen an den Surfboard-Tragflügel sind benannt, nämlich hohe Traktionsfähigkeit des Boards bei kleinen Geschwindigkeiten und geringe Widerstandshemmnisse der Finne bei hohem Speed; die Geschwindigkeiten v_B rangieren um zwei Dekaden $\{0.2 < v_B \; [ms^{-1}] < 15\}$.

Strömungsberechnung

Für die strömungsmechanischen Analysen verwende ich das System FS-Flow[3], JavaFoil[4] und andere Programmsysteme, für Implementationen SCILab[5].
Die relevanten Profilkonturen liegen als in Listen geordnete Koordinatenpunkte $P_K = P(x_K, y_K)$ vor. Hinweise zur Nomenklatur in den nachfolgenden Ausführungen:

<u>Geometrie</u>

t	[m]	Profiltiefe. Bezugsmaß für Konturrelevante Kennungen eines Profils
d/t	[%]	spezifische Profildicke der Profilkontur mit der Tiefe t.
xd/t	[%]	Dickenrücklage der Profilkontur mit der Tiefe t.
t(z)	[m]	t=t(z) über die horizontale Koordinate z variable Profiltiefe t
x	[m]	x- Koordinate der Punkte $P_K(x_K, y_K, x_K)$ auf der Tragflächenkontur
y	[m]	y- Koordinate
z	[m]	z- Koordinate / horizont. Koordinate Flügelwurzel W bis Flügel-Tip T
dx, dy, dz	[m]	differentielle Koordinaten
Δx, Δy, Δz	[m]	
<u>x</u>	[-]	<u>x</u> = (x/t) generalisierte Koordinate x bezogen auf die Profiltiefe t
<u>y</u>	[-]	<u>y</u> = (y/t) generalisierte Koordinate y

---

[2] Auftrieb, Querkraft, Lift L [N] $= c_a \cdot A \cdot v^2 \cdot \rho/2$

[3] FS-Flow ist ein kommerzielles Programmsystem der Firma FutureShip GmbH / Germanischer Lloyd, DNV-GL das nach dem PANEL-Verfahren arbeitet. https://www.dnvgl.de

[4] JavaFoil ist ein frei verfügbarer Potentiallöser von Dr. M. Hepperle der in erster Linie für aerodynamische Fragestellungen aus dem Programmsystem CalcFoil entwickelt wurde. http://www.mh-aerotools.de/airfoils/javafoil.htm

[5] Scilab ist ein eine umfangreiche, leistungsfähige Software für Anwendungen aus der numerischen Mathematik, das ehemals am Institut national de recherche en informatique et en automatique (INRIA) seit 1990 als Alternative zu MATLAB entwickelt wurde.

ΔA	$[m^2]$	$\Delta A = (\Delta z \cdot \Delta x)$
ΔF	$[m^2]$	$\Delta F = t \cdot \Delta z$ differentielles Kontur-Flächensegment (Wing-Section)

Beiwerte und Koeffizienten

c_L	$[-]$	Lift-koeffizient (Auftrieb, Querkraft)
c_P	$[-]$	$c_P = c_P\,(x_K,y_K)$ Druckgradient (Profilkontur)
c_W	$[-]$	Widerstandsbeiwert

Geschwindigkeiten und Kräfte

$v(x)$	$[ms^{-1}]$	lokale (konturnahe) Geschwindigkeit.
V, v_∞	$[ms^{-1}]$	globale (System-) Geschwindigkeit.
(v/V)	$[-]$	spezifische Geschwindigkeit, lokal und konturnah
L	$[N]$	$L = c_L \cdot F \cdot v^2 \cdot \rho\,/2$ Auftrieb, Querkraft, Lift
K	$[N]$	$\underline{K}$ aus $q(x) = \underline{K}\,\Delta x$ lokale Kraft auf ein Flächensegment $\Delta A=(\Delta z \cdot \Delta x)$
ΔL	$[N]$	$\Delta L = k \cdot dz = c_L \cdot t\,\Delta z \cdot v^2 \cdot \rho/2$; Lift für ein Flächensegmen, Breite Δz
$q(x)$	$[Nm^{-1}]$	Streckenlast an der Profilkontur $P_K(x_K,y_K)$
k	$[Nm^{-1}]$	$k=k(z) = \Delta L/\Delta z$; integrale Streckenlast für eine Profilsektion d. Breite Δz

Stoff

ρ	$[kgm^{-3}]$	Dichte
v	$[m^2s^{-1}]$	Transportkoeffizient: kinematische Viskosität

Ein Ergebnis der potentialtheoretischen Analyse ist die Geschwindigkeits-verteilung $(v/V)_{x,y}$ und damit der Druckgradient $c_P=c_P(x,y)$ über die Profilkonturen (x_K,y_K) eines Tragflügels. Aus der Druck-integration wird einerseits der dimensionslose Auftriebskoeffizient c_L und unter Hinzunahme eines Reibungs-Modells der Widerstandsbeiwert c_W der Profilkontur ermittelt. Der Auftriebsbeiwert und der Widerstandsbeiwert sind als Integralgrößen über eine Profilkontur anzusehen.

Eine Streckenlast q ist in der technischen Mechanik eine bereichswese über x definierte Belastung mit der Einheit $[N/m]$ und wird für eine lokale Kraft $\underline{K}$ mit $q(x) = \underline{F}\,\Delta x$ angesetzt. In SI-Einheiten besitzt die Streckenlast q die Einheit $[m \cdot Pa]$[6]. Ein über eine Kontur verteilter Druck p, der in unserer Betrachtung als ortsabhängiger Gradient $p(x)$ in $[Pa]$ auftaucht und der gerade als eine lokale Kraft K über einen Flächenabschnitt $\Delta A=(\Delta z \cdot \Delta x)$ angesehen wird, offenbart eine Beziehung zu der Streckenlast q wie folgt:

$$\text{mit } q(x) = K\,\Delta x\ [m \cdot Pa] \quad \text{und} \quad p(x) = K\,/\,\Delta A = F\,/\,(\Delta z \cdot \Delta x) \qquad [Pa]$$

---

[6] ISO-Einheiten. $1\ kg \cdot m^{-1} \cdot s^{-2} = 1\ Pa = 1\ N\ m^{-2}$, z.B.: Megapascal $(10\ bar = 1\ MPa = 1\ Million\ Pa = 1\ N/mm^2)$

folgt $p(x) = q(x)/\Delta z$ [Pa]

Der lokale Druck $p(x)$ auf der Kontur an der Stelle x wird relativ und auf den atmosphärischen Normruck[7] p_0 bezogen angegeben. Für den lokalen Druckkoeffizienten c_p gilt dann folgende Beziehung[8]:

$$c_p = 2\,(p(x) - p_0) / (\rho \cdot V^2) \qquad [\text{-}]$$

Normdruck p_0 = 101 325 [Pa] = 101,325 [kPa] = 1 013,25 [hPa] = 1 013,25 [mbar]
Normzustand bei T= 273,15 [°K] bzw. T=0 [°C] entsprechend DIN 1343.

$$(p(x) - p_0) =\ 0.5\ \cdot c_p\ \cdot \rho \cdot V^2 \qquad [\text{kg m}^{-3}\cdot\text{m}^2\,\text{s}^{-2}],\ [\text{Nm}^{-2}],\ [\text{Pa}]$$

Der Druckkoeffizient c_p besitzt einen Gradienten über die Kontur $c_p(x)$ und wird mit der aus der klassischen Strömungsmechanik bekannten Form aus der lokalen, spezifischen Geschwindigkeit bestimmt. Hierbei wird die Bernoulli-Gleichung dazu benutzt, den Druck aus den Geschwindigkeitskomponenten zu ermitteln.

$$\text{Bernoulli}\quad p_0 + \tfrac{1}{2}\,\rho_\infty\,V^2 = p + \tfrac{1}{2}\,\rho_\infty\,v(x)^2 \qquad [\text{Pa}]$$

Für inkompressible Strömungen ($\rho_=\rho_\infty$) liefert das den lokalen Druckkoeffizienten $c_p(x)=p(x)/p_0$ aus einer Beziehung über die Systemgeschwindigkeit $V=v_\infty$.

$$c_p(x) =\ 1 - (v(x)/v_\infty)^2 \qquad [\text{-}]$$

Die lokale, konturnahe Geschwindigkeit $v(x)$, bzw. die auf die Systemgeschwindigkeit $V=v_\infty$ bezogene spezifische Geschwindigkeit $(v(x)/V)$ und somit der lokale Druckkoeffizient $c_p(x)$ ist ein signifikantes Ergebnis der potentialtheoretischen Berechnung und steht nun für die Druckintegration über eine Kontur zur Verfügung.

$$(p(x) - p_0) =\ 0.5\ \cdot c_p\ \cdot \rho \cdot V^2$$
$$(p(x) - p_0) =\ 0.5\ \cdot (\ 1 - (v(x)/V)^2\ ) \cdot \rho \cdot V^2 \qquad [\text{Pa}]$$

---

[7] Mit dem Normdruck p_0 101 325 [Pa] = 101,325 [kPa] = 1 013,25 [hPa] = 1 013,25 [mbar]. Im atmosphärischen Normzustand bei T= 273,15 [K] bzw. T=0 [°C] entsprechend DIN 1343.
Wasser im Normzustand bei T= 20 °C: Dichte ρ = 0,998203 g·cm^{-3} ρ = 998,2 kg·m^{-3}
[8] Katz, J., Plotkin, A. (2001) Low-Speed Aerodynamics, Cambridge University Press. ISBN 13 978-0-521-66219-2.

In der Regel kann der potentialtheoretischen Berechnung ein dimensionsloser Auftriebsbeiwert c_L (Lift-Koeffizient) entnommen werden, was den Berechnungsgang auf Kosten einer differenzierten Betrachtung der Auftriebsverteilung über die Profilkontur erleichtert. Aus der einschlägigen Literatur ist die aus integralen Größen zu ermittelnde Kraft:

Auftrieb, Querkraft, Lift $\qquad$ $L = c_L \cdot F \cdot v^2 \cdot \rho/2$ $\qquad$ [N] $\qquad$ (2)

Das sektorale Flächensegment ΔF der Breite Δz das sich aus der abschnittsweisen Betrachtung der Gesamtfläche F des Tragflügels, also dem so genannten Kontur-Flächensegment ergibt:

Tragflächen-Segment (Wing-Section) $\qquad$ $\Delta F = t \cdot \Delta z$ $\qquad$ [m^2]

Im Besitz des dimensionslosen Auftriebsbeiwertes c_L für ein Kontur-Flächensegment (Wing-Section) ist die nunmehr sektorale Auftriebskraft ΔL der Profilkontur, also der sektorale Lift ΔL für ein Flächensegment $\Delta F = t \cdot \Delta z$ leicht zu ermitteln.

Der sektorale Lift $\qquad$ $\Delta L = c_L \cdot t \cdot \Delta z \cdot v^2 \cdot \rho/2 = k \cdot \Delta z$ [N]

Mit der hier eingeführte Vereinfachung $\Delta L = k \cdot \Delta z$ ist die sektorale, über die vertikal variable Flügeltiefe $t = t(z)$ definierte Traglinienkraft k in Abhängigkeit von der vertikalen Koordinate z, also $k = k(z)$ gegeben als:

Traglinienkraft $\qquad$ $k(z) = c_L \cdot t(z) \cdot v^2 \cdot \rho/2$ $\qquad$ [N m^{-1}]
$\qquad$ (3)

Für die Ermittlung der - für einen Kontursektor der Breite Δz (an der Stelle z_K) konstanten - Traglinienkraft k sind also Kenntnisse über die (ebene, lokale) Anströmgeschwindigkeit $v = v(\alpha)$ und dem integralen Liftkoeffizienten c_L, der zu dem jeweiligen Tragflügelprofil an der Stelle z_K gehört. Der Liftkoeffizient c_L und der Widerstandskoeffizient c_W entstammen Datensammlungen oder den über die Software ermittelten Polaren $c_L = c_L(\alpha)$ und $c_W = c_W(\alpha)$ die für Messreihen über den Anströmwinkel α geordnet vorliegen (siehe auch den Anhang dieses Aufsatzes).

Das Traglinien-Verfahren wird nun exemplarisch für eine Surfboardfinne durchgeführt, dessen Kontur Variationen symmetrischer Profile vom elliptischen Typ: ELL[d/t][xd/t][9] sein sollen. Obwohl die Leistungsdaten der elliptischen Profile nicht hervorragend sind – wenn man einmal davon absieht, dass Arbeitstragflächen mit derartigen Profilen sowohl vorwärts, als auch rückwärts gefahren werden können, was absolute Vorteile birgt - besitzen sie Konstruktionseigenschaften, auf die man (zumindest im Experimentalbereich) schwerlich verzichten möchte. Derartige ELL-Profile sind geometrisch beliebig genau beschreibbar. Mit einfachsten Mitteln. Ich stelle mir immer vor, ein Kreis sei nur eine ganz spezielle Variante einer Ellipse mit gleichen Achsen a=b. Die Profilfläche ist: $A_{ELLIPSE}$ = abπ. Die bugwärtige und die heckwärtige Ellipse besitzen einen gemeinsamen Konstruktionskreis (im Sinne eines Erzeugenden-Systems beliebiger Genauigkeit). Am „Stoss" der beiden Teilellipsen besitzt das Profil eine gemeinsame (definiert waagerecht-horizontale) Tangente, am Bug- und am Heckpunkt eine (definiert senkrecht-vertikale) Tangente. Für die Konstruktion von Strömungsteilen, die in kleinen Werften oder Bootsbaubetrieben gefertigt werden sollen, ein unschlagbarer Vorteil, was die Herstellung beliebiger Profillehren betrifft.

pos	vertikal z [m]	Profiltiefe t [m]	Profiltiefe t [% t_B]	Profildicke d [m]	Profildicke d/t [%]	Profil
B	0.0	0.100	100	0.05	5	ELL 05 50
2	0.02	0.080	80	0.05	6.25	ELL 06 50
3	0.04	0.072	72	0.05	7	ELL 07 50
4	0.06	0.086	86	0.04	5	ELL 05 50
5	0.08	0.098	98	0.035	3	ELL 03 50
T	0.1	0.048	48	0.03	6.25	ELL 06 50

Für alle Punkte P(x,y) die Element einer Ellipse sind, gilt die Ellipsengleichung $(x^2/a^2)+(y^2/d^2)$ = 1. Für die bugwärtige Ellipse ist das a gegeben mit a=xd/2. Für die heckwärtige Ellipse ist a gegeben mit a=(t-xd)/2. Mit den Parametern p1, die spezifische Profildicke d/t [%] und p2, die spezifische (auf die Profiltiefe t bezogene) Dickenrücklage xd/t [%] des symmetrischen Profils ist das Profil

---

[9] Fluiddynamisch wirksames lateralsymmetrisches Strömungsprofil aus geometrischen Grundfiguren. (GM308). GM-Nr. 20 2014 003 346.3, IPC: F15D 1/10.

„ELL[p1][p2]" definiert. Mit einer Dickenrücklage von 50% für alle Querschnitte der betrachteten Finne ergeben sich zentralsymmetrische Ellipsenprofile, die nur noch in der spezifischen Dicke {3<(d/t)[%]<7} variieren; hier die Profile vom Typ ELL0350, ELL0550, ELL0650 und ELL0750. Die Profilkonturen in Koordinaten und alle Berechnungswerte sind im Anhang dieser Schrift aufgeführt.

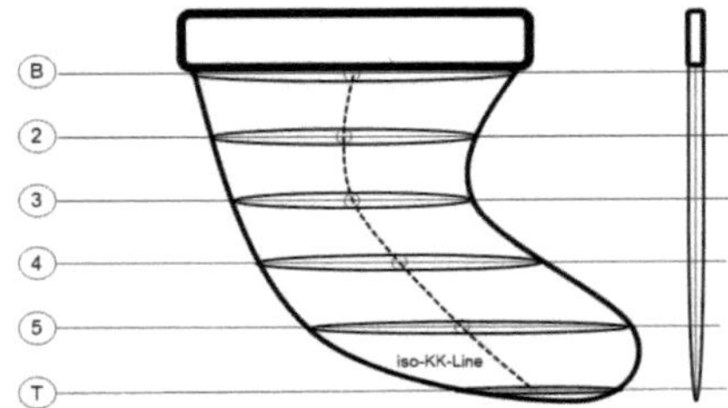

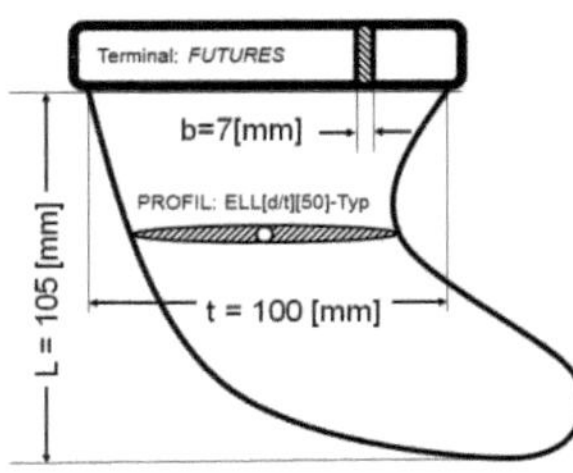

Betrachten wir nun Berechnungsdaten für Konturvarianten elliptischer Profile. Es interessiert das Auftriebs- und das Widerstandsgebaren, vermittelt über den Liftkoeffizienten c_L und den Widerstandskoeffizienten c_W in Abhängigkeit vom Anstellwinkel α.

Profil	α_{STALL}	c_A STALL	c_W STALL	c_A (α=0°)	c_W (α=0°)	c_A (α=4°)	c_W (α=4°)	c_A (α=10°)	c_W (α=10°)	c_A (α=16°)	c_W (α=16°)	c_A (α=20°)	c_W (α=20°)
ELL0350	8	0.398	0.066	0	0.0094	0.349	0.016	0.345	0.082	0.141	0.154	0.079	0.203
ELL0550	8	0.434	0.067	0	0.0052	0.358	0.016	0.399	0.085	0.185	0.156	0.107	0.203
ELL0650	8	0.467	0.067	0	0.0036	0.375	0.017	0.442	0.087	0.219	0.155	0.127	0.216
ELL0750	6	0.519	0.064	0	0.0032	0.376	0.017	0.488	0.086	0.276	0.162	0.168	0.213

Tabelle 1: Ausgewählte Auftriebs- und Widerstandsbeiwerte (c_L und c_W) über den Anstellwinkel α für Variationen von ELL-Profilen.

Die Tabelle zeigt nur Auszüge aus den Datensätzen der berechneten Auftriebs- und Widerstandskoeffizienten c_L und c_W über eine Reihe von Anstellwinkeln α. Das Querkraftmaximum wird bei jenem Anstellwinkel erreicht, bei dem Stall auftritt ($\alpha=\alpha_{STALL}$). Das aber bedeutet nicht, dass dieser Winkel in der Betriebspraxis von fluidmechanisch wirksamen Leit- und Steuertragflächen – Schwertern bei Jollen, Yachtkielen, Stabilisatoren, Ruderblättern und eben auch Surfboardfinnen - nicht ständig überschritten wird, im Gegenteil. Es ist aber unmittelbar aus der Tabelle abzulesen und in den Diagrammen (weiter unten im Text) zu erkennen, dass die Querkraftanteile mit ansteigendem Anströmwinkel förmlich einbrechen und auch das Widerstandsgebaren für alle vier Ellipsenprofile in gleicher Größenordnung zunimmt. Ellipsenprofile erscheinen als Konstruktionskonturen ungeliebt, tauchen im tatsächlichen Leben (Fertigungs- und Anwenderpraxis) aber erstaunlich häufig auf, was ahnen lässt, wie weit doch reale der Tragflügel von dem avisierten Gestaltungsziel (der Theoretiker) abweicht. Die Leistungsdaten der Konturen liegen aber gar nicht so weit von jenen der (vornehmlichen) NACA-Zielsysteme entfernt. Das werden wir weiter unten sehen.

Was sagen nun die Zahlen aus? Gezeigt werden sollte, dass die Form der Tragflügelkontur „maßgeblich" Einfluss nimmt auf die Verteilung der Auftriebskräfte am beströmten System. Dies ist ganz offensichtlich in der anfangs erwarteten Größenordnung nicht der Fall. Berechnet wurde die Kraftlinienverteilung über die Tragflügel-Länge, der Z-Koordinate - von der Flügelwurzel, Base (B) bis zum Tragflügelrandbogen, Tip (T) - bei drei untersuchten Anströmgeschwindigkeiten, die signifikant scheinen oder sind für die Betriebsmodi Angleiten, Manöver und Höchstgeschwindigkeit, wobei letztere (v=10 ms^{-1}) wohl eher theoretische Betrachtungen bedient. Unter Manöverbedingungen (v=3 ms^{-1}, es werden a=10° Anstellwinkel gefahren) ist die Tragkraftverteilung nach Form (3) relativ ausgeglichen und auch das Integral über die (eher grob diskretisierte) Tragfläche, also näherungsweise Σ ΔL(z) Δz = 16.54 [N], liegt größenordnungsmäßig im erwarteten Bereich von etwa zwanzig Newton. Dieses Ergebnis ist einerseits beruhigend, legt es doch die Vermutung nahe, dass Formgebungsexzesse und modebedingte, machnerweise exotisch anmutender Tragflügelkonturen vom fluidischen System (fehler-) tolerant behandelt zu werden scheinen. Auf der anderen Seite mahnen die Simulationsergebnisse eine gesteigerte Aufmerksamkeit bei der (zukünftigen) Auswahl potentieller Profiltypen an. Schlanke, symmetrische Konturen mit Profildicken um die fünf oder sechs Prozent der Tragflügeltiefe besitzen aus physikalischen Gründen keine guten Leistungsdaten und übertreffen in ihrem Auftriebs- und Widerstandsgebaren einen sauber in die Finbox eingespannten Tortenheber aus meiner Küchenschublade signifikant nicht!

Die ermittelte Strömungswirklichkeit um eine Surfboardfinne ist komplex. Sollen „Leit- und Steuertragflächen für kleine Seefahrzeuge" hinsichtlich ihrer Leistungsfähigkeit weiterentwickelt werden, kommen wir um eine eingehende Betrachtung verwendbarer Tragflügelprofile und insbesondere deren Transitions- und Separationsverhaltens nicht herum; der Frage also wann und an welchem Ort auf der Konturlinie Turbulenz und Strömungsablösung erfolgt, der Tragflügel in den „Stall" übergeht.

Pos	Vert. z [m]	Profil-Tiefe t [m]	Vert. dz[m]	Traglinien-Querkraft k [Nm^{-1}]	Traglinien-Querkraft k [Nm^{-1}]	Traglinien-Querkraft k [Nm^{-1}]	Integrale Querkraft ΔL; Q [N]	Traglinien-Querkraft k [Nm^{-1}]	Integrale Querkraft ΔL; Q [N]	Profil
Geschwindigkeit [ms^{-1}]				1.0	1.0	3.0	**3.0**	10.0	10.0	
Strömungs-Winkel [°]				$\alpha= 4°$	$\alpha=10°$	$\alpha=10°$	**$\alpha = 10°$**	$\alpha=10°$	$\alpha = 10°$	
B	0.0	0.100	0.02	19.52	19.95	179.6	**3.59**	1995	39.9	ELL0550
2	0.02	0.080	0.02	15.0	17.68	159.1	**3.18**	1768	35.36	ELL0650
3	0.04	0.072	0.02	13.54	17.57	158.1	**3.16**	1757	35.14	ELL0750
4	0.06	0.086	0.02	15.39	17.16	154.4	**3.09**	1716	34.32	ELL0550
5	0.08	0.098	0.02	17.1	16.91	152.2	**3.04**	1691	33.82	ELL0350
T	0.1	0.048	0.005	9.0	10.61	95.5	**0.48**	1061	5.3	ELL0650
	z	t	dz	k	k	k	**Σ 16.54**	k	Σ 183.8	
Finnen-Geometrie				Take Off	Take Off	Manöver	**Manöver**	Speed	Speed	

Tabelle 2: Integration der Traglinienquerkraft über die Tragflügellänge.

Die Auftriebsentfaltung an den ersatzweise angenommenen Ellipsenprofilen (Wirklichkeit) und jene der an Probeexemplaren vom Stand der Technik (Realität) vorgefundenen Profilkonturen bieten den größten Spielraum für Innovationen (Zukunft) im Surfbereich. Und genau hierüber, die leistungsorientierte Ausgestaltung von Surfboardprofilkonturen, wissen wir rezent nichts beizutragen; oder zumindest zu wenig.

Die „**F**ast **F**luid **C**omputation (FFC)" ist natürlich mehr als eine „beinahe Strömungsberechnung". Das hier dargestellte Traglinienverfahren liefert einen ersten (schmutzigen) Beitrag zur Kenntnislage über die Strömungswirklichkeit einer vorgefundenen Tragfläche. Das ist nicht geringzuschätzen.

Im Anhang dieses Aufsatzes finden Sie eine ausführliche Bibliographie, Berechnungsdaten der verwendeten Tragflügelprofile und die Technische Beschreibung des ERpL-Profils.

Bibliographie und weiterführende Literatur

[Abbo-59]   Ira H. Abbott, Albert E. von Doenhoff: Theory of Wing Sections: Including a Summary of Airfoil Data. Dover Publications, New York 1959.

[BaNe-98]   Barthlott, W.; Neinhuis, C.: Lotusblumen und Autolacke – Ultrastruktur pflanzlicher Grenzflächen und biomimetische unverschmutzbare Werkstoffe. Biona Report 12, Schriftenreihe der Wissenschaften und der Literatur, Mainz. Gustav Fischer-Verlag, Stuttgart 1998.

[Bann-02]   Bannasch, Rudolph. Vorbild Natur. In: design report 9/02, S.20ff. Blue. C Verlag Stuttgart: 2002.

[Bapp-99]   Bappert, R. Bionik, Zukunftstechnik lernt von der Natur. SiemensForum München/Berlin und Landesmuseum für Technik und Arbeit in Mannheim (Herausgeber): 1999

[Bech-93]   Bechert, D.W.: Verminderung des Strömungswiderstandes durch bionische Oberflächen. In: VDI-Technologieanalyse Bionik, S. 74 – 77. VDI-Technologiezentrum Düsseldorf 1993.

[Bech-97]   Bechert, D.W., Biological Surfaces and their Technological Application. 28th AIAA Fluid Dynamics Conference: 1997

[Cal-84]   Calder, W.A. (1984) Size, Function and Life History. Harvard University Press. Cambridge 431pp.

[Die13-3]   Dienst, Mi.(2013) Reihenuntersuchung zu Profilkonturen für Leit- und Steuerflächen von Seefahrzeugen. Datenreihe ERpL2050. GRIN-Verlag GmbH München, ISBN 978-3-656-47215-5

[Die11-4]   Dienst, Mi.(2011) Methoden in der Bionik. Die Reynoldsbasierte Fluidische Fitness. GRIN-Verlag GmbH München.

[Die09-4]   Dienst, Mi.(2009) Physical Modelling driven Bionics. GRIN-Verlag München.

[DUB-95]   Dubbel, Handbuch des Maschinenbaus, Springer Verlag Berlin, 15.Auflage 1995.

[Eppl-90]   Richard Eppler: Airfoil Design and Data. Springer, Berlin, New York 1990.

[Fli-02]   Flindt, R. (2002) Biologie in Zahlen Berlin: Spektrum Akademischer Verl.

[Fren-94]   French, M.: Invention and Evolution: design in nature and engineering. Cambridge University Press. Cambridge 1994.

[Fren-99]   French, M.: Conceptual Design for Engineers. Berlin, Heidelberg, New York, London, Paris, Tokio: Springer: 1999

[Gel-10]   Produktinformation, 05 2010, GELITA 69412 Eberbach. www.gelita.com

[Guen-98]   Günther, B., Morgado, E. (1998) Dimensional analysis and allometric equations concerning Cope's rule. Revista Chilena de Historia Natural 71: 331-335, 1989

[Gör-75]   Görtler, H. Diemensionsanalyse. Berlin Springer 1975

[Gorr-17]   Edgar Gorrell, S. Martin: Aerofoils and Aerofoil Structural Combinations. In: NACA Technical Report. Nr. 18, 1917.

[Guen-66]   Günther, B., Leon, B. (1966) Theorie of biological Similarities, nondimensional Parameters and invariant Numbers. Bulletin of Mathematical Biophysics Volume 28, 1966.

[Gutm-89]   Gutmann, W.: Die Evolution hydraulischer Konstruktionen. Verlag W. Kramer: Frankfurt am Main, 1989.

[Hüt-07]   Hütte, 2007, 33. Auflage, Springer Verlag. S.E147

[Hux-32]   Huxley, J.S. (1932) Problems of relative Growth. London: Methuen.

[Katz-01]   Joseph Katz, Allen Plotkin: Low-Speed Aerodynamics (Cambridge Aerospace Series) Cambridge University Press; 2 edition (2001)

[Liao-03]   Liao, J.C.; Beal, D.; Lauder, G.; Triantayllou, M. Fish Exploting Vortices Decrease Muscle Activty. In: Science 2003, S. 1566-1569. AAAS. 2003.

[Matt-97]   Mattheck, C.: Design in der Natur. Rombach Verlag. Freiburg 1997.

[Mial-05]   B. Mialon, M. Hepperle: "Flying Wing Aerodynamics Studies at ONERA and DLR", CEAS/KATnet Conference on Key Aerodynamic Technologies, 20.-22. Juni 2005, Bremen.

[Nac-01]   Nachtigall, W. (2001) Biomechanik. Braunschweig: Vieweg Verlag.

[Nach-98]   Nachtigall, W. : Bionik – Grundlagen und Beispiele für Ingenieure und Naturwissenschaftler. Springer-Verlag, Berlin-Heidelberg-New York 1998.

[Nach-00]   Nachtigall, Werner; Blüchel, Kurt. Das große Buch der Bionik. Stuttgart: Deutsche Verlags Anstalt: 2000.

[PaBe-93]   Pahl. G.; Beitz, W.: Konstruktionslehre, 3.Auflage. Berlin-Heidelberg-New York-London-Paris-Tokio: Springer 1993

[Pflu-96]   Pflumm, W. (1996) Biologie der Säugetiere. Berlin: Blackwell Wissenschaftsverlag.

[Rech-94]   Rechenberg, Ingo. Evolutionsstrategie'94. Frommann-Holzoog Verlag. Stuttgart: 1994.

[Schü-02]   Schütt, P., Schuck, H-J., Stimm, B. (2002) Lexikon der Baum- und Straucharten. Nikol, Hamburg, ISBN 3-933203-53-8

[Tho-59]   Thompson, D'Arcy, W. (1959) On Growth and Form. London: Cambridge University Press. (Neuauflage der Originalschrift 1907)

[Tho-92]   Thompson, D W., (1992). *On Growth and Form*. Dover reprint of 1942 2nd ed. (1st ed., 1917). ISBN 0-486-67135-6

[Tria-95]   Triantafyllou, M.: Effizienter Flossenantrieb für Schwimmroboter. In: Spektrum der Wissenschaft 08-1995, S. 66–73. Spektrum der Wissenschaft- Verlagsgesellschaft mbH, Heidelberg 1995.

[Zie - 72]   Zierep, J. (1972) Ähnlichkeitsgesetze und Modellregeln der Strömungslehre.

[W-1]   http://de.wikipedia.org/wiki/Profil (abgerufen 04042016)

[W-2]   The Airfoil Investigation Database, http://www.worldofkrauss.com/foils/578 (abgerufen 04042016)

[W-3]   UIUC Airfoil Coordinates Database, (abgerufen 04042016) http://www.ae.illinois.edu/m-selig/ads/coord_database.html

Profil ERpL 0730

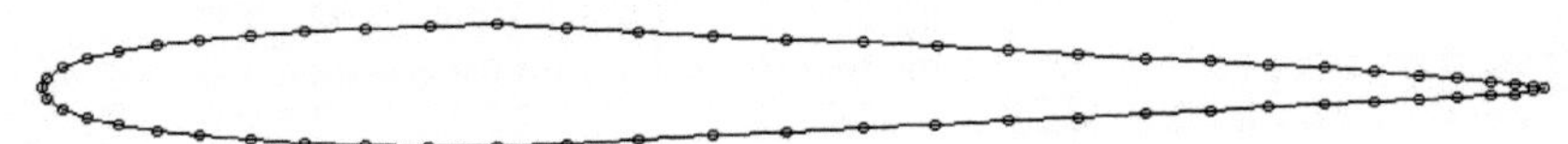

1,00000000	0,00000000
0,99293821	0,00211790
0,98083522	0,00345370
0,96407164	0,00499619
0,94283107	0,00711869
0,91731114	0,00967098
0,88775438	0,01262611
0,85436537	0,01496099
0,81750003	0,01693375
0,77758303	0,01949362
0,73490842	0,02159160
0,68997358	0,02433873
0,64315575	0,02665457
0,59492713	0,02944021
0,54576260	0,03220713
0,49610367	0,03477115
0,44645853	0,03778158
0,39729041	0,04034473
0,34905638	0,04300919
0,30225630	0,04589626
0,25725990	0,04471272
0,21455532	0,04373990
0,17460553	0,04178730
0,13777991	0,03923192
0,10444282	0,03621256
0,07497309	0,03249914
0,04969092	0,02820252
0,02884671	0,02360157
0,01311282	0,01788002
0,00294452	0,01049380
-0,00000023	0,00391094
0,00296111	-0,00269062
0,01306115	-0,01020902
0,02880016	-0,01585923
0,04958254	-0,02074135
0,07488466	-0,02489206
0,10434326	-0,02862360
0,13765891	-0,03178350
0,17447748	-0,03429686
0,21442825	-0,03631910
0,25709587	-0,03788553

0,30210508	-0,03791116
0,34890740	-0,03546397
0,39711010	-0,03286484
0,44627791	-0,03033228
0,49595103	-0,02814901
0,54562032	-0,02570949
0,59481362	-0,02329822
0,64305541	-0,02090862
0,68988889	-0,01876753
0,73484519	-0,01656118
0,77748478	-0,01421600
0,81744759	-0,01263104
0,85428045	-0,01054527
0,88766117	-0,00867037
0,91729297	-0,00728169
0,94288488	-0,00607629
0,96417894	-0,00502389
0,98100089	-0,00459137
0,99285282	-0,00195185
1,00000000	0,00000000

α [°]	Ca [-]	Cw [-]	Cm 0.25 [-]	Cp* [-]	M krit. [-]
-20,0	-0,297	0,22484	0,002	-26,730	0,156
-18,0	-0,365	0,19575	0,002	-22,362	0,170
-16,0	-0,442	0,15146	0,002	-18,316	0,188
-14,0	-0,513	0,12487	0,001	-14,612	0,209
-12,0	-0,556	0,10182	0,001	-11,268	0,235
-10,0	-0,554	0,07957	0,001	-8,301	0,271
-8,0	-0,588	0,03390	0,001	-5,724	0,320
-6,0	-0,457	0,02366	0,000	-3,551	0,391
-4,0	-0,303	0,01552	-0,000	-1,855	0,500
-2,0	-0,138	0,00892	-0,001	-0,912	0,621
-0,0	0,028	0,00761	-0,002	-0,413	0,743
2,0	0,194	0,01183	-0,003	-1,066	0,595
4,0	0,357	0,01855	-0,004	-2,033	0,484
6,0	0,506	0,02682	-0,005	-3,176	0,409
8,0	0,629	0,03797	-0,005	-4,489	0,355
10,0	0,570	0,08461	-0,003	-5,967	0,314
12,0	0,561	0,10371	-0,004	-7,602	0,282
14,0	0,507	0,12973	-0,004	-9,387	0,257
16,0	0,431	0,15570	-0,004	-11,311	0,235
18,0	0,354	0,19717	-0,004	-13,367	0,218
20,0	0,287	0,24534	-0,005	-15,544	0,202

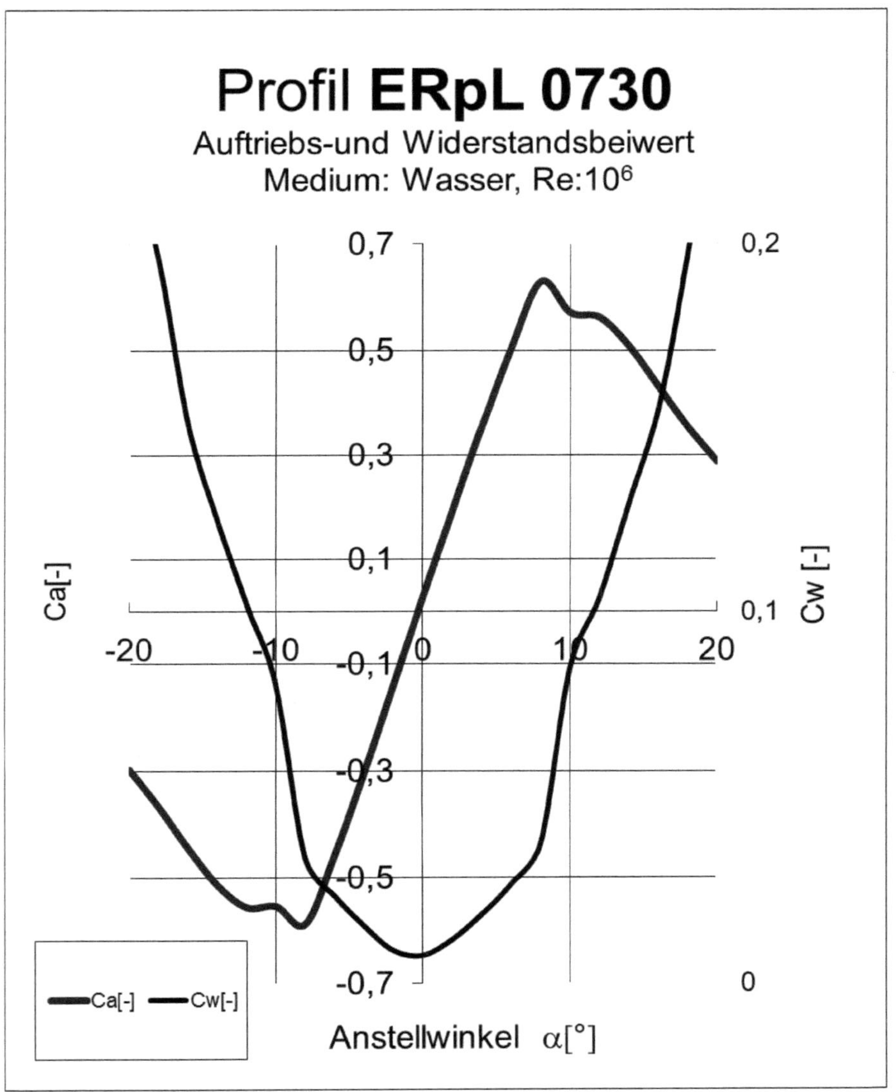
Profil ERpL 0730
Auftriebs-und Widerstandsbeiwert
Medium: Wasser, Re:10⁶
Ca[-]
Cw [-]
0,7
0,5
0,3
0,1
-0,1
-0,3
-0,5
-0,7
0,2
0,1
0
-20
-10
0
10
20
Ca[-]
Cw[-]
Anstellwinkel α[°]

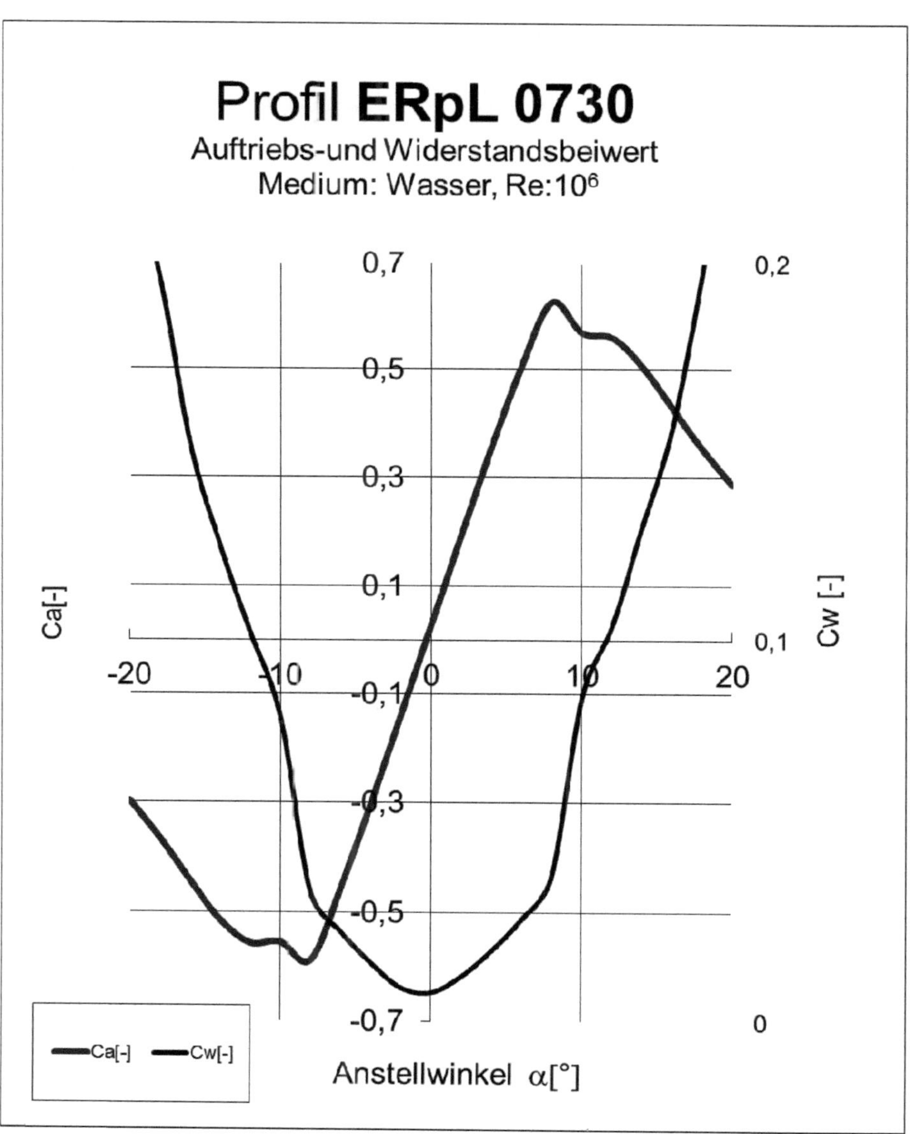

Profil ERpL 0730
Auftriebs-und Widerstandsbeiwert
Medium: Wasser, Re:10⁶
Ca[-]
Cw [-]
0,7
0,5
0,3
0,1
-0,1
-0,3
-0,5
-0,7
0,2
0,1
0
-20
-10
0
10
20
Ca[-]
Cw[-]
Anstellwinkel α[°]

x/l	y/l	v/V	δ_1	δ_2	δ_3	Reδ_2	C_f	H_12	H_32	Zust.	yl
[-]	[-]	[-]	[-]	[-]	[-]	[-]	[-]	[-]	[-]	[-]	[%]
1,0000	0,0000	0,3106	0,001044	0,006532	0,000534	2028,8	0,0000	0,1599	0,0818	abgel.	0,0000
0,9929	0,0021	1,0222	0,001044	0,006532	0,000534	6677,9	0,0000	0,1599	0,0818	abgel.	0,0000
0,9808	0,0035	0,9693	0,001044	0,006532	0,000534	6332,3	0,0000	0,1599	0,0818	abgel.	0,0000
0,9641	0,0050	0,9767	0,001044	0,006532	0,000534	6380,1	0,0000	0,1599	0,0818	abgel.	0,0000
0,9428	0,0071	1,0017	0,001044	0,006532	0,000534	6543,9	0,0000	0,1599	0,0818	abgel.	0,0000
0,9173	0,0097	1,0285	0,001044	0,006532	0,000534	6718,5	0,0000	0,1599	0,0818	abgel.	0,0000
0,8878	0,0126	1,0749	0,001044	0,006532	0,000534	7021,8	0,0000	0,1599	0,0818	abgel.	0,0000
0,8544	0,0150	1,0827	0,001044	0,006532	0,000534	7072,5	0,0000	0,1599	0,0818	abgel.	0,0000
0,8175	0,0169	1,0749	0,001044	0,006532	0,000534	7021,6	0,0000	0,1599	0,0818	abgel.	0,0000
0,7776	0,0195	1,1070	0,001044	0,006532	0,000534	7231,3	0,0000	0,1599	0,0818	abgel.	0,0000
0,7349	0,0216	1,1015	0,001044	0,006532	0,000534	7195,6	0,0000	0,1599	0,0818	abgel.	0,0000
0,6900	0,0243	1,1356	0,001044	0,006532	0,000534	7418,4	0,0000	0,1599	0,0818	abgel.	0,0000
0,6432	0,0267	1,1381	0,001044	0,006532	0,000534	7434,7	0,0000	0,1599	0,0818	abgel.	0,0000
0,5949	0,0294	1,1660	0,001044	0,006532	0,000534	7616,9	0,0000	0,1599	0,0818	abgel.	0,0000
0,5458	0,0322	1,1917	0,001044	0,006532	0,000534	7785,1	0,0000	0,1599	0,0818	abgel.	0,0000
0,4961	0,0348	1,2067	0,001044	0,006532	0,000534	7882,8	0,0000	0,1599	0,0818	abgel.	0,0000
0,4465	0,0378	1,2526	0,001044	0,006532	0,000534	8182,9	0,0000	0,1599	0,0818	abgel.	0,0000
0,3973	0,0403	1,2807	0,001044	0,006532	0,000534	8366,4	0,0000	0,1599	0,0818	abgel.	0,0000
0,3491	0,0430	1,3265	0,001044	0,006532	0,000534	8665,3	0,0000	0,1599	0,0818	abgel.	0,0000
0,3023	0,0459	1,4666	0,001044	0,006532	0,000534	9580,5	0,0000	0,1599	0,0818	abgel.	0,0000
0,2573	0,0447	1,4194	0,001044	0,006532	0,000534	9272,6	0,0000	0,1599	0,0818	abgel.	0,0000
0,2146	0,0437	1,4853	0,001044	0,006532	0,000534	9702,6	0,0000	0,1599	0,0818	abgel.	0,0000
0,1746	0,0418	1,5275	0,001044	0,006532	0,000534	9978,2	0,0000	0,1599	0,0818	abgel.	0,0000
0,1378	0,0392	1,5865	0,001044	0,006532	0,000534	10363,7	0,0000	0,1599	0,0818	abgel.	0,0000
0,1044	0,0362	1,6763	0,001044	0,006532	0,000534	10950,5	0,0000	0,1599	0,0818	abgel.	0,0000
0,0750	0,0325	1,7817	0,001044	0,006532	0,000534	11639,3	0,0000	0,1599	0,0818	abgel.	0,0000
0,0497	0,0282	1,9195	0,001044	0,006532	0,000534	12538,9	0,0000	0,1599	0,0818	turb.	0,0000
0,0288	0,0236	2,2118	0,000224	0,000118	0,000187	309,9	0,0023	1,8924	1,5854	turb.	0,0030
0,0131	0,0179	2,6396	0,000120	0,000045	0,000071	144,0	0,0029	2,6425	1,5675	lam.	0,0026
0,0029	0,0105	3,1738	0,000065	0,000029	0,000048	68,3	0,0106	2,2289	1,6211	lam.	0,0014
-0,0000	0,0039	3,2049	0,000069	0,000031	0,000050	49,6	0,0145	2,2335	1,6204	lam.	0,0012
0,0030	-0,0027	1,5906	0,000124	0,000056	0,000090	26,9	0,0266	2,2352	1,6202	lam.	0,0009
0,0131	-0,0102	0,4812	0,000097	0,000043	0,000070	3,0	0,0001	2,2364	1,6200	lam.	0,0141
0,0288	-0,0159	0,0273	0,000001	0,000000	0,000001	0,0	0,0000	2,2364	1,6200	lam.	0,0000
0,0496	-0,0207	0,2862	0,000118	0,000053	0,000086	2,4	0,0001	2,2364	1,6200	lam.	0,0141
0,0749	-0,0249	0,4419	0,000186	0,000083	0,000135	23,9	0,0299	2,2352	1,6202	lam.	0,0008
0,1043	-0,0286	0,5519	0,000257	0,000114	0,000185	50,5	0,0139	2,2513	1,6177	lam.	0,0012
0,1377	-0,0318	0,6323	0,000320	0,000141	0,000227	78,4	0,0087	2,2726	1,6145	lam.	0,0015
0,1745	-0,0343	0,6915	0,000381	0,000166	0,000267	105,4	0,0063	2,2980	1,6107	lam.	0,0018
0,2144	-0,0363	0,7413	0,000444	0,000191	0,000307	132,2	0,0048	2,3250	1,6067	lam.	0,0020
0,2571	-0,0379	0,7961	0,000500	0,000214	0,000344	158,9	0,0040	2,3303	1,6059	lam.	0,0022
0,3021	-0,0379	0,8352	0,000523	0,000228	0,000367	181,8	0,0036	2,2952	1,6110	lam.	0,0023
0,3489	-0,0355	0,8209	0,000583	0,000249	0,000399	208,0	0,0030	2,3412	1,6043	lam.	0,0026
0,3971	-0,0329	0,8264	0,000867	0,000316	0,000492	259,4	0,0014	2,7441	1,5580	lam.	0,0038
0,4463	-0,0303	0,8331	0,000876	0,000344	0,000543	284,5	0,0017	2,5433	1,5783	lam.	0,0035
0,4960	-0,0281	0,8514	0,000931	0,000373	0,000590	310,4	0,0016	2,4991	1,5835	lam.	0,0035
0,5456	-0,0257	0,8585	0,000902	0,000381	0,000609	324,3	0,0018	2,3686	1,6005	lam.	0,0033
0,5948	-0,0233	0,8676	0,000995	0,000408	0,000648	350,0	0,0015	2,4417	1,5907	lam.	0,0036
0,6431	-0,0209	0,8736	0,001032	0,000425	0,000677	368,7	0,0015	2,4277	1,5926	lam.	0,0037
0,6899	-0,0188	0,8863	0,001093	0,000446	0,000709	389,7	0,0014	2,4497	1,5897	lam.	0,0038
0,7348	-0,0166	0,8949	0,001071	0,000452	0,000723	400,7	0,0015	2,3702	1,6003	lam.	0,0037
0,7775	-0,0142	0,8884	0,001106	0,000465	0,000743	415,7	0,0014	2,3798	1,5989	lam.	0,0038
0,8174	-0,0126	0,9157	0,001306	0,000505	0,000795	449,1	0,0010	2,5845	1,5730	lam.	0,0045
0,8543	-0,0105	0,9098	0,001050	0,000469	0,000760	429,3	0,0017	2,2384	1,6202	lam.	0,0035
0,8877	-0,0087	0,9079	0,001256	0,000509	0,000808	463,2	0,0011	2,4665	1,5871	lam.	0,0042
0,9173	-0,0073	0,9197	0,001353	0,000532	0,000839	482,6	0,0010	2,5462	1,5777	lam.	0,0045
0,9429	-0,0061	0,9290	0,001230	0,000518	0,000829	476,8	0,0012	2,3742	1,6001	lam.	0,0040
0,9642	-0,0050	0,9272	0,001181	0,000512	0,000825	476,3	0,0014	2,3057	1,6096	lam.	0,0038
0,9810	-0,0046	1,0601	0,001265	0,000529	0,000845	490,7	0,0012	2,3903	1,5971	lam.	0,0041
0,9929	-0,0020	0,9144	0,000612	0,000327	0,000579	348,5	0,0048	1,8733	1,7705	lam.	0,0020
1,0000	0,0000	0,3106	0,001772	0,000428	0,000929	132,9	0,0000	4,1389	2,1703	turb.	0,0000

| α | Ca | Cw | Cm 0.25 | T.U. | T.L. | S.U. | S.L. | GZ | N.P. | D.P. |
[°]	[-]	[-]	[-]	[-]	[-]	[-]	[-]	[-]	[-]	[-]
-49,0	-0,033	0,89018	0,002	0,547	0,003	0,547	0,035	-0,037	0,305	0,310
-48,0	-0,035	0,87790	0,002	0,546	0,003	0,546	0,035	-0,040	0,380	0,310
-47,0	-0,036	0,87409	0,002	1,000	0,002	1,000	0,033	-0,042	0,368	0,316
-46,0	-0,038	0,86789	0,003	1,000	0,002	1,000	0,032	-0,044	0,287	0,315
-45,0	-0,040	0,82634	0,003	1,000	0,002	1,000	0,030	-0,049	0,278	0,314
-44,0	-0,042	0,91859	0,003	1,000	0,002	1,000	0,029	-0,046	0,275	0,312
-43,0	-0,045	0,84095	0,003	1,000	0,002	1,000	0,028	-0,053	0,272	0,310
-42,0	-0,048	0,82078	0,003	1,000	0,002	1,000	0,028	-0,058	0,270	0,308
-41,0	-0,050	0,77675	0,003	1,000	0,003	1,000	0,028	-0,065	0,265	0,305
-40,0	-0,054	0,70695	0,003	1,000	0,003	1,000	0,027	-0,076	0,260	0,303
-39,0	-0,057	0,68581	0,003	1,000	0,003	1,000	0,027	-0,083	0,257	0,300
-38,0	-0,061	0,64103	0,003	1,000	0,003	1,000	0,026	-0,095	0,255	0,297
-37,0	-0,065	0,65203	0,003	1,000	0,003	1,000	0,026	-0,100	0,253	0,294
-36,0	-0,070	0,63478	0,003	1,000	0,002	1,000	0,026	-0,110	0,250	0,291
-35,0	-0,075	0,57978	0,003	1,000	0,002	1,000	0,025	-0,130	0,251	0,289
-34,0	-0,081	0,53522	0,003	1,000	0,002	1,000	0,026	-0,151	0,249	0,286
-33,0	-0,087	0,54695	0,003	1,000	0,002	1,000	0,025	-0,160	0,247	0,283
-32,0	-0,095	0,50610	0,003	1,000	0,002	1,000	0,025	-0,187	0,247	0,280
-31,0	-0,103	0,48927	0,003	1,000	0,002	1,000	0,024	-0,210	0,246	0,278
-30,0	-0,112	0,45655	0,003	1,000	0,002	1,000	0,023	-0,245	0,245	0,275
-29,0	-0,122	0,43536	0,003	1,000	0,001	1,000	0,023	-0,280	0,246	0,273
-28,0	-0,133	0,38178	0,003	1,000	0,002	1,000	0,023	-0,349	0,246	0,270
-27,0	-0,146	0,36130	0,003	1,000	0,002	1,000	0,023	-0,405	0,245	0,268
-26,0	-0,161	0,34127	0,003	1,000	0,002	1,000	0,022	-0,472	0,244	0,266
-25,0	-0,178	0,33092	0,002	1,000	0,001	1,000	0,020	-0,536	0,244	0,264
-24,0	-0,196	0,31793	0,002	1,000	0,001	1,000	0,018	-0,617	0,244	0,262
-23,0	-0,217	0,28283	0,002	1,000	0,001	1,000	0,016	-0,768	0,246	0,260
-22,0	-0,241	0,26207	0,002	1,000	0,002	1,000	0,017	-0,920	0,246	0,259
-21,0	-0,268	0,24226	0,002	1,000	0,002	1,000	0,015	-1,105	0,245	0,258
-20,0	-0,297	0,22484	0,002	1,000	0,002	1,000	0,013	-1,322	0,246	0,256
-19,0	-0,330	0,20718	0,002	1,000	0,002	1,000	0,013	-1,593	0,247	0,256
-18,0	-0,365	0,19575	0,002	1,000	0,001	1,000	0,013	-1,867	0,248	0,255
-17,0	-0,403	0,17550	0,002	1,000	0,001	1,000	0,016	-2,297	0,249	0,254
-16,0	-0,442	0,15146	0,002	1,000	0,002	1,000	0,020	-2,916	0,248	0,254
-15,0	-0,479	0,14073	0,002	1,000	0,002	1,000	0,021	-3,402	0,247	0,253
-14,0	-0,513	0,12487	0,001	1,000	0,002	1,000	0,024	-4,105	0,247	0,253
-13,0	-0,540	0,11072	0,001	1,000	0,003	1,000	0,027	-4,873	0,244	0,252
-12,0	-0,556	0,10182	0,001	1,000	0,004	1,000	0,028	-5,462	0,238	0,252
-11,0	-0,561	0,09158	0,001	1,000	0,005	1,000	0,034	-6,121	0,312	0,252
-10,0	-0,554	0,07957	0,001	0,961	0,006	1,000	0,064	-6,958	0,254	0,252
-9,0	-0,641	0,03916	0,001	0,351	0,006	1,000	0,993	-16,373	0,252	0,252
-8,0	-0,588	0,03390	0,001	0,345	0,008	1,000	0,994	-17,359	0,256	0,252
-7,0	-0,526	0,02865	0,001	0,340	0,011	1,000	0,994	-18,370	0,256	0,251
-6,0	-0,457	0,02366	0,000	0,337	0,015	1,000	0,995	-19,306	0,255	0,251
-5,0	-0,382	0,01937	-0,000	0,335	0,019	1,000	0,996	-19,709	0,255	0,250
-4,0	-0,303	0,01552	-0,000	0,334	0,022	1,000	0,996	-19,490	0,255	0,249
-3,0	-0,221	0,01241	-0,001	0,332	0,029	1,000	0,996	-17,811	0,255	0,246
-2,0	-0,138	0,00892	-0,001	0,331	0,323	1,000	0,995	-15,522	0,255	0,241
-1,0	-0,055	0,00773	-0,002	0,332	0,326	1,000	0,995	-7,168	0,255	0,221

0,0	0,028	0,00761	-0,002	0,330	0,328	1,000	0,995	3,665	0,255	0,323
1,0	0,111	0,00843	-0,002	0,329	0,334	1,000	0,996	13,178	0,255	0,272
2,0	0,194	0,01183	-0,003	0,048	0,338	1,000	0,995	16,398	0,255	0,265
3,0	0,276	0,01476	-0,003	0,033	0,343	1,000	0,995	18,713	0,255	0,262
4,0	0,357	0,01855	-0,004	0,023	0,349	1,000	0,995	19,234	0,255	0,260
5,0	0,434	0,02154	-0,004	0,018	0,990	1,000	0,993	20,146	0,256	0,260
6,0	0,506	0,02682	-0,005	0,011	0,991	1,000	0,993	18,877	0,256	0,259
7,0	0,572	0,03238	-0,005	0,008	0,991	1,000	0,993	17,665	0,257	0,259
8,0	0,629	0,03797	-0,005	0,007	0,991	1,000	0,993	16,566	0,321	0,259
9,0	0,551	0,07236	-0,004	0,006	0,991	0,075	0,993	7,610	0,286	0,256
10,0	0,570	0,08461	-0,003	0,005	0,991	0,039	0,993	6,735	0,241	0,256
11,0	0,572	0,09474	-0,003	0,004	0,991	0,028	0,993	6,036	0,227	0,256
12,0	0,561	0,10371	-0,004	0,004	0,991	0,027	0,993	5,410	0,243	0,256
13,0	0,538	0,11609	-0,004	0,003	0,991	0,021	0,993	4,633	0,245	0,257
14,0	0,507	0,12973	-0,004	0,002	0,991	0,022	0,993	3,907	0,244	0,258
15,0	0,470	0,13875	-0,004	0,002	0,991	0,021	0,993	3,389	0,247	0,258
16,0	0,431	0,15570	-0,004	0,002	0,991	0,018	0,993	2,769	0,248	0,259
17,0	0,392	0,17274	-0,004	0,002	0,991	0,016	0,993	2,269	0,249	0,261
18,0	0,354	0,19717	-0,004	0,001	0,991	0,012	0,993	1,796	0,248	0,262
19,0	0,319	0,21947	-0,004	0,001	0,991	0,012	0,993	1,455	0,244	0,263
20,0	0,287	0,24534	-0,005	0,001	0,991	0,013	0,993	1,171	0,239	0,266
21,0	0,259	0,24215	-0,005	0,002	0,991	0,017	0,993	1,068	0,238	0,269
22,0	0,233	0,26834	-0,005	0,001	0,991	0,017	0,993	0,868	0,241	0,272
23,0	0,210	0,28332	-0,005	0,001	0,990	0,018	0,993	0,741	0,237	0,276
24,0	0,190	0,31044	-0,006	0,001	0,990	0,021	0,993	0,611	0,233	0,280
25,0	0,172	0,31845	-0,006	0,002	0,990	0,023	0,992	0,539	0,236	0,285
26,0	0,156	0,35655	-0,006	0,001	0,990	0,022	0,992	0,437	0,235	0,290
27,0	0,142	0,35715	-0,006	0,002	0,990	0,024	0,993	0,397	0,232	0,296
28,0	0,129	0,38145	-0,007	0,002	0,990	0,025	0,993	0,339	0,235	0,301
29,0	0,118	0,41751	-0,007	0,002	0,990	0,024	0,993	0,283	0,234	0,307
30,0	0,109	0,44664	-0,007	0,002	0,990	0,025	0,992	0,243	0,226	0,315
31,0	0,100	0,46850	-0,007	0,002	0,990	0,026	0,992	0,213	0,226	0,323
32,0	0,092	0,47938	-0,007	0,002	0,990	0,026	0,993	0,192	0,229	0,330
33,0	0,085	0,52884	-0,008	0,002	0,989	0,026	0,992	0,161	0,225	0,339
34,0	0,079	0,57243	-0,008	0,002	0,989	0,026	0,992	0,138	0,222	0,348
35,0	0,073	0,57373	-0,008	0,002	0,989	0,026	0,993	0,128	0,217	0,358
36,0	0,068	0,61848	-0,008	0,002	0,989	0,027	0,992	0,110	0,219	0,368
37,0	0,064	0,62739	-0,008	0,002	0,989	0,027	0,992	0,101	0,222	0,378
38,0	0,060	0,67519	-0,008	0,002	0,989	0,027	0,992	0,088	0,215	0,390
39,0	0,056	0,68903	-0,008	0,002	0,989	0,027	0,992	0,081	0,213	0,401
40,0	0,052	0,74951	-0,009	0,002	0,988	0,027	0,993	0,070	0,208	0,414
41,0	0,049	0,76763	-0,009	0,002	0,989	0,028	0,992	0,064	0,206	0,427
42,0	0,047	0,80578	-0,009	0,002	0,988	0,028	0,993	0,058	0,204	0,440
43,0	0,044	0,81841	-0,009	0,002	0,989	0,028	0,993	0,054	0,197	0,454
44,0	0,042	0,89379	-0,009	0,002	0,989	0,029	0,993	0,047	0,190	0,468
45,0	0,040	0,86744	-0,009	0,002	0,989	0,030	0,993	0,046	0,182	0,483
46,0	0,038	0,86615	-0,009	0,002	0,989	0,031	0,993	0,043	0,168	0,499
47,0	0,036	0,93354	-0,010	0,002	0,988	0,033	0,993	0,038	0,485	0,516
48,0	0,034	0,94996	-0,009	0,002	0,547	0,033	0,549	0,036	0,526	0,501
49,0	0,033	0,97380	-0,009	0,002	0,547	0,034	0,549	0,033	0,192	0,515
50,0	0,031	1,00066	-0,009	0,002	0,547	0,035	0,549	0,031	0,192	0,530

Structured internal fluid-dynamically efficient flow profile from basic geometric figures übersetzt

aus folgender Sprache: Deutsch

DE 202014000360 U1

ZUSAMMENFASSUNG übersetzt aus folgender Sprache: Deutsch

Fluid Dynamic effective airfoil from basic geometric figures characterized in that the contour of the profile is described by the geometric elements ellipse, circle and tangent.

Veröffentlichungsnummer	DE202014000360 U1
Publikationstyp	Erteilung
Anmeldenummer	DE201420000360
Veröffentlichungsdatum	6. März 2014
Eingetragen	10. Jan. 2014
Prioritätsdatum ⑦	10. Jan. 2014
Antragsteller	Michael Dienst
Zitat exportieren	BiBTeX, EndNote, RefMan

Nichtpatentzitate (8), Klassifizierungen (7), Juristische Ereignisse (1)

Externe Links: DPMA, Espacenet

Technische Beschreibung

Fluiddynamisch wirksames Strömungsprofil aus geometrischen Grundfiguren

Die Erfindung betrifft ein fluidmechanisch wirksames, symmetrisches Strömungsprofil, dessen Kontur mit geringen deklaratorischen Mitteln beschreiben werden kann. Der Erfindung liegt die Idee eines Strömungsprofils zu Grunde, das durch die geometrischen Elemente Ellipse, Kreis und Tangente beschrieben und durch lediglich zwei Parameter eindeutig definiert ist. Das Strömungsprofil ist für Kraft- und Arbeitstragflächen an Fahrzeugen und für Anwendungen in Strömungsmaschinen geeignet. Ausprägungen und Varianten des fluidmechanisch wirksames Strömungsprofils können in Serien systematisiert und geordnet werden. Das Strömungsprofil kann skaliert und paramertrisiert werden derart, dass es für Anströmbedingungen fluidmechanisch wirksam und geeignet ist, die durch kleine Anströmgeschwindigkeiten und/oder kleine geometrische Bauteilabmessungen gekennzeichnet sind.

Stand der Technik und der Wissenschaft

Das Strömungsprofil bezeichnet die Form eines Strömungskörpers in Strömungsrichtung des umgebenden Fluids. Die Kontur eines Strömungsprofils bezeichnet die umhüllende Gestalt des Strömungskörpers. Besonders konturiert sind Strömungsprofile für Krafttragflächen und Arbeitstragflächen. Durch die spezifische Form von Kraft- und Arbeitstragflächen und durch die Umströmung des Fluids kommt es zu einem Wechselwirkungsgeschehen, das durch Energieaustausch gekennzeichnet ist.

Krafttragflächen sind fluidmechanisch wirksame Tragflügel die geeignet sind, dem bewegten umgebendem Fluid vornehmlich Energie zu entziehen. Beispiele sind die Repellertragflächen einer Windkraftanlage oder die Schaufeln einer Fließwasserkraftanlage.

Arbeitstragflächen sind fluidmechanisch wirksame Tragflügel die vornehmlich Energie in ein umgebendes Fluid einkoppeln. Beispiele sind die Leit- und

Steuerflächen von Luft- und Seefahrzeugen, das Paddel eines Kanus oder Schaufeln von fluidmechanischen Antrieben.

Für Kraft- und Arbeitstragflächen nach Stand der Technik wird in der Regel eine mechanisch starrer Form, ein deklaratorisch definiertes Profile und eine nichtflexible Kontur angestrebt. Die Profile von Kraft- und Arbeitstragflächen nach Stand der Technik sind in der Regel entweder definiert symmetrisch oder definiert asymmetrisch.

Bei einfachen geometrischen Formen, etwa den Konturen von ebenen Plattenprofilen, bei Wölbplattenprofilen oder bei einfach gekröpften Knickplattenprofilen ist der Deklarationsaufwand gering. Eine geschlossene mathematische Beschreibung in Gestalt einfacher Formeln existiert. Bei manchen Profilformen vom Stand der Technik und vor dem Hintergrund hoher Präzisionsansprüche an das Konstruieren, das Fertigen von Kraft- und Arbeitstragflächen und für das Messen oder die mathematische Handhabung von Konturen von Profilen von Kraft- und Arbeitstragflächen ist der Deklarationsaufwand, der auch die mathematischen Interpolationsmodelle betrifft, teilweise erheblich. Es ist nach Stand der Technik und der Wissenschaft üblich, Koordinaten der Konturen von Strömungsprofilen sowie die zugehörigen mathematischen Handhabungsmethoden in Datenbanken zu hegen (siehe auch: The Airfoil Investigation Database, [W-2] und UIUC Airfoil Coordinates Database [W-3]).

Nach Stand der Wissenschaft und Technik ist es außerdem üblich, den Strömungszustand um ein Strömungsbauteil über die Reynolds-Similarität zu beschreiben. Als "klein" sollen in dem hier beschriebenen Zusammenhang Anströmgeschwindigkeiten und/oder geometrische Bauteilabmessungen gelten, die einen Bereich von Reynolds-Zahlen {Re<5000} determinieren.

Gestaltungsstrategien zur Strömungskontrolle entlang der Kontur eines Profils in einem Bereich kleiner Reynolds-Zahlen können den Ort des Umschlagpunktes von laminarer in turbulente Strömung betreffen.

(1) Gestaltungsstrategien für den frühen Umschlag von laminarer in turbulente Strömung zielen auf Robustheit der Profile gegenüber Störungen und unterschiedliche Strömungsbedingungen an der Profilkontur. Für kleine Reynolds-Zahlen werden nach Stand der Technik geringe Profildicken und hohe Profilwölbungen (bei nicht symmetrische Profile) verwendet. Dünne Profile besitzen hier geringere Übergangsgeschwindigkeiten und somit einen kleineren Druckanstieg. Der sich ergebende kleine Nasenradius sorgt für die Ausbildung einer Saugspitze an der Profilnase und dem frühen Umschlag der Grenzschicht in den turbulenten Zustand. Die turbulente Grenzschicht kann dann den Druckanstieg im hinteren Profilbereich besser bewältigen [W-1].

(2) Gestaltungsstrategien für den späten (weit hinten liegenden) Umschlag von laminarer in turbulente Strömung zielen auf Profile mit hoher fluidmechanischer Wirksamkeit. Derartige Profile sind weniger robust. Die laminare Lauflänge determiniert den Abstand zwischen Vorderkante des Profils und dem laminar/turbulenten Umschlagspunkt der Strömung. Die "Laminarprofile" genannten Profile nach Stand der Technik weisen in der Regel gegenüber Profilen mit turbulenten Grenzschichten eine geringere Wandreibung auf. Dies gilt insbesondere im Bereich kleiner Reynolds-Zahlen. Bei Kraft- und Arbeitstragflächen wird auf

Profilkonturen zurückgegriffen, die formbedingt hohe laminare Lauflängen aufweisen, um geringe Strömungswiderstände zu erreichen.

Die Verlängerung der laminaren Lauflänge (der laminaren Grenzschicht) wird durch eine besondere Formgebung der Profilkontur erreicht, bei der der Umschlag in eine turbulente Grenzschichtströmung möglichst lange herausgezögert wird [W-1].

Die Grundbeschreibung eines Strömungsprofils nach Stand der Technik erfolgt mit wenigstens den vier geometrischen Größen Tiefe t [m], Dicke d[m], Wölbung f[m] und Wölbungsrücklage xf[m]. Als generalisierte, auf die Profiltiefe t, bezogene Größen folgen somit die (spezifische) Profildicke d/t [%], die (spezifische) Profilwölbung f/t [%], und die (spezifische) Wölbungsrücklage xf/t [%] (siehe auch Tabelle 2).

Problembeschreibung

Bei der Entwicklung von fluidmechanisch wirksamen Kraft- und Arbeitstragflächen für Strömungsmaschinen werden die Koordinaten der Konturen der Strömungsprofile Profilkatalogen entnommen. Dies stellt im Zeitalter hoch entwickelter mathematischer Berechnungs- und Handhabungsmethoden und vergleichsweise leicht verfügbarer Datenbankbestände kein Problem dar. Dennoch taucht in für Strömungs-anwendungen typischen Entwicklungs- und Nutzungsszenarien, etwa in Forschungs-labors (Prototypenbau) und im von kleinen und mittelständigen Unternehmen geprägten Yacht- und Bootsbau (Einzelanfertigungen, Unikate, Reparatur) häufig das Problem auf, dass die Geometriedaten der Konturen von Profilen für fluidmechanisch wirksame Kraft- und Arbeitstragflächen oder für Profillehren, Formen und anderer Fertigungsmittel in einer für die Bauteiloptimierung und/oder die Fertigung nicht geeigneten Form vorliegen. Für die Beschreibung von Konturen nach dem Stand der Technik wird auf Datenbanken oder Profiltabellen zurückgegriffen [Abbo-59] [Eppl-90] [Gorr-17][W-2][W-3]. Dass einfache mathematische Beschreibungen der Profilkontur nur für ebene Plattenprofile und andere sehr einfache Profile existiert und es nach Stand der Technik und der Wissenschaft üblich ist, Koordinaten der Konturen von Strömungsprofilen in Datenbanken zu hegen, führt in der Labor-, Reparatur in der Boots- und Yachtbaupraxis dazu, dass durch Konstruktion und gestalterische Vorgabe vorgesehene Profile nur unzureichend in Formen und in Bauteilkonturen wiedergegeben werden können. Für viele nichttriviale Konturen fluidmechanisch hochwirksamer Profile, insbesondere für Laminarprofile und für Konturen bauchiger Profile für einen Einsatz im Reynolds-Bereich {Re < 5000} ist eine einfache Beschreibung nicht gegeben.

Problemlösung

Die Erfindung betrifft ein fluidmechanisch wirksames, symmetrisches Strömungs-profil, dessen Kontur durch die geometrischen Elemente Ellipse, Kreis und Tangente beschrieben und durch zwei Parameter [p1][p2] vollständig und eindeutig definiert ist, wie folgt:

"*PROFILKONTUR* [p1][p2]". Mit den Parametern: p1 sei die spezifische Profildicke d/t [%] und p2 sei die spezifische Wölbungsrücklage xf/t [%] (bzw. die spezifische Dickenrücklage xd/t [%] bei einem symmetrischen Profil). Das Strömungsprofil

"*PROFILKONTUR* [p1][p2]" ist für Kraft- und Arbeitstragflächen und die Anwendung in Strömungsmaschinen geeignet. Ausprägungen und Varianten des fluidmechanisch wirksames Strömungsprofils können in einer Serie systematisiert und geordnet werden. Das Strömungsprofil kann skaliert und paramertrisiert werden derart, dass es besonders für Anströmbedingungen fluidmechanisch wirksam und geeignet ist, die durch kleine Anströmgeschwindigkeiten und/oder kleine geometrische Bauteilabmessungen gekennzeichnet sind und einen Bereich von Reynolds-Zahlen {Re < 5000} determinieren.

In einer entsprechenden Parametrisierung { (d/t) >10 [%] und (xf/t) >50[%] } stellt die Kontur ein Laminarprofil (nach Gestaltungskonzept (2), siehe oben) dar. Für ein symmetrisches Laminarprofil mit einer spezifischen Dicke von d/t=20[%] und einer spezifischen Dickenrücklage xd/t=75[%] ergibt sich beispielsweise eine Profilkennung: "*PROFILKONTUR* [20][75]", oder kurz: "*PROFILKONTUR* 2075".

Erzielbare Vorteile

Mit einem fluidmechanisch wirksamen, symmetrischen Strömungsprofil, dessen Kontur durch die geometrischen Elemente Ellipse, Kreis und Tangente beschrieben wird und diese Kontur durch zwei Parameter vollständig und eindeutig definiert ist wird erreicht, dass

(1) in der Baupraxis, in der Reparatur- und Instandhaltungspraxis Strömungsbauteile und/oder deren Fertigungsmittel wie Profillehren oder Formen durch einfache mathematische Beziehungen (Ellipsengleichung, Kreisgleichung und Satz von Thales) beschrieben werden können und

(2) in der Konstruktionspraxis geometrische Vorgaben möglich werden oder existieren, die auch vom Laien mit geringsten Mitteln umgesetzt werden können. Das kann für Kraft- und Arbeitsmaschinen für den Einsatz in Entwicklungs- und Schwellenländern von Bedeutung sein.

(3) Die Erfindung zur Simplifizierung der Konstruktion und zur Robustheit im Betrieb der Kraft- und Arbeitstragflächen mit derartigen Profilen und Profilkonturen beiträgt. Dies ist von wirtschaftlichem Interesse.

Da selbst Laminarprofile mit der Determination beschreibbar werden, stellen Profile und Konturen gemäß der Erfindung eine Alternative für Kraft- und Arbeitstragflächen für Leit- und Steueraufgaben bei Seefahrzeugen oder in Strömungsmaschinen dar.

Aufbau und Konstruktion des Profils

Die Kontur des Profils wird durch die geometrischen Elemente Ellipse, Kreis und Tangente beschrieben und durch die zwei Parameter spezifische Profildicke d/t und spezifische Dickenrücklage xd/t (spezifische Wölbungsrücklage xf/t für den allgemeinen Fall) vollständig und eindeutig definiert (siehe Abbildung Figur 1).

Abbildung Figur 2 zeigt schematisch alle Teillinien der Profildefinition. Die Linien der Ellipse E, des oberen Kreissektors KSO, der oberen Tangente TO, der (singuläre) Punkt am Heck des Profils PH, die Linien der unteren Tangente TU und des unteren Kreissektors KSU bilden eine geometrische, organisatorische und funktionale Einheit, die als Kontur K das Profil definiert. Der Punkt am Bug des Profils PB ist Element der Kontur.

Abbildung Figur 1 zeigt das Profil schematisch in seinen semantischen Elemente Ellipse, Kreis und Tangente. Die Profilsehne ist die Symmetrieachse des Profils. Der (Kreis-) Radius R des Profils entspricht der halben Profildicke R = d/2. Die Profiltiefe ist gegeben mit t. Die Wölbungsrücklage x_f markiert den Punkt entlang der Profilsehne, an der das Profil die größte Dicke erreicht. Abbildung Figur 3 zeigt schematisch mathematischen Zusammenhänge bei der Profilkonstruktion. Es ist sofort zu erkennen, dass Gesamtkonstruktion bei gegebener Profiltiefe t=a+c und damit die Definition des Profils nur von zwei Parametern, abhängt: der Profildicke d=2b und der Wölbungsrücklage a=t-c. Siehe hierzu die schematische Darstellung, Figur 5. Aus den schematischen Darstellungen der Abbildungen Figur 1 und Figur 2 und Figur 3 ergeben sich alle Beziehungen, die zu einer Konstruktion des Profils notwendig sind.

Teilkonstruktion Ellipse: Für Punkte P(x,y) die Element der Ellipse E sind, gilt die Ellipsengleichung $(x^2/a^2)+(y^2/b^2) = 1$. Siehe schematische Skizze in Abbildung Figur 1 und Figur 2.

Teilkonstruktion Kreis: Für Punkte P(x,y) die Element des Kreises K sind, gilt die Kreisgleichung $x^2+y^2 = R^2$. Siehe schematische Skizze in Abbildung Figur 1 und Figur 2. Markante Punkte der Profilkonstruktion sind der Bugpunkt des Profils PB=P(x=0,y=0), der Verbindungspunkt von Ellipse und Kreis: P1O=P(a,R) für die Profiloberseite, der Verbindungspunkt von Ellipse und Kreis: P1U=P(a,-R) für die Profilunterseite, der Verbindungs-punkt von Kreis und Tangente P2O=P(x_B,y_B) für die Profiloberseite, der Verbindungspunkt von Kreis und Tangente P2U=P($x_B,-y_B$) für die Profilunterseite und der Heckpunkt des Profils PH=P(x=a+c,y=0)=P(t,0).

Teilkonstruktion Tangente: In der schematischen Skizze, Abbildung 4 ist die Anwendung des Satzes von Thales auf die Teilkonstruktion Tangente dargestellt. Für Punkte P(x,y) die Element der oberen Tangente TO und der unteren Tangente TU sind, gilt die Tangentengleichung: $(x_B-x_Z)(x-x_Z)+(y_B-y_Z)(y-y_Z) = R^2$. Der Punkt Z ist das Zentrum des Kreises und der Ellipse Z=P(x_Z,y_Z)=P(a,0).

Damit ist das Profil definiert.

Wirkungsweise

Für die Beschreibung der Wirkungsweise eines fluidmechanisch wirksamen (symmetrischen) Strömungsprofils werden in der Regel und nach Stand der Technik Messkanaluntersuchungen an Tragflügeln unter genau definierten Bedingungen angestellt. Aufgrund der vergleichsweise ausreichend hohen Genauigkeit sind numerische Strömungssimulationsverfahren nach Stand der Technik und Wissenschaft üblich. In der Analysepraxis sind Berechnungs- und Simulations-verfahren die Strömungsprofile und zweidimensionale Sektorenschnitte eines Tragflügels nach der Potentialtheorie den untersuchen, von großer Aussagekraft. Für die Darstellung der physikalischen Wirksamkeit und Wirksamweise wurde ein Programmsystem vom Stand der Technik verwendet [Mial-05].

Für eine *"PROFILKONTUR[p1][p2]"* mit den Parametern spezifische Profildicke p1=d/t=20[%] und Wölbungsrücklage p2=xf/t=75[%] (bzw. Dickenrücklage: p2=xd/t=75[%] für den symmetrischen fall) werden mit einem Berechnungsansatz nach der Potentialtheorie Auftrieb- und Widerstandsbeiwerte in Abhängigkeit vom Anstellwinkel in einer Strömung α[°] errechnet. Die Reynoldszahl des Strömungszustands ist Re=1000. Die Simulationsrechnung bezieht sich auf eine Anströmrichtung, die im Fall der Anströmung unter einem Anstellwinkel von α=0[°] genau der Symmetrieachse des Profils folgt (siehe schematische Abbildung in Figur 2) und das Profil vom Bugpunkt PB über die Kontur bis zum Heckpunkt PH umströmt. Positive und negative Anstellwinkel betreffen die Neigung der Symmetrieachse zur Hauptströmungsrichtung. Die Berechnungswerte der Auftriebs- und Widerstandsbeiwerte des Profils *PROFILKONTUR2075* und eines Referenzprofils (NACA 67-020 aus der 6-stelligen NACA-Reihe) sind in Tabelle 1 für eine Reihe von Anstellwinkeln wiedergegeben. Das Diagramm 1 zeigt den berechneten Verlauf der Auftriebsbeiwerte in Abhängigkeit von den Widerstandsbeiwerten (Polardiagramm) des Profils *PROFILKONTUR2075*. Berechnugs-werte und Kurvenverlauf stellen den erwarteten Charakter eines (gutmütigen) bauchigen Profils dar.

Die Absolutwerte der berechneten Auftriebs- und Widerstandsbeiwerte eines Profils sind in der theoretischen Strömungsanalyse nicht unbedingt entscheidend. Der Vergleich zweier mit den gleichen Methoden analysierter Profilkonturen ist aussagekräftiger. Das Referenzprofils NACA 67-020 stammt aus der 6-stelligen Reihe der NACA-Profilserie, die in der Praxis der Auftriebstragflächenkonstruktion für hydrodynamisch wirksame Leit- und Steuerflächen von Seefahrzeiugen häufig verwendetet wird. NACA 67-020 ist ein typisches Laminarprofil.

Im Diagramm 2 werden die berechneten Kurven der Auftriebsbeiwerte in Abhängigkeit vom Anstellwinkel des Profils *PROFILKONTUR2075* denen des Referenzprofils NACA 67-020 gegenübergestellt. Während die Auftriebsbeiwerte des Profils *PROFILKONTUR2075* bei einem Anstellwinkel von etwa 18[°] ihr Maximum erreichen, geht beim Profil NACA 67-020 der Bereich Auftrieb generierender Betriebspunkte über einen Anstellwinkel von a=20[] hinaus. Der Anstieg der Kurven der Auftriebsbeiwerte beider Profile ist im Bereich der Anstellwinkel bis a=12 [°] vergleichbar. Bis etwa a=17[°] sind die Auftriebsbeiwerte des Profils PROFILKONTUR2075 besser.

Figur 1

Profilsehne
Ellipse
Kreis
Tangente
R = d/2 [m]
(Profildicke d/t [%])
xf [m]
(Wölbungsrücklage xf/t[%])
t [m]
(Profiltiefe)

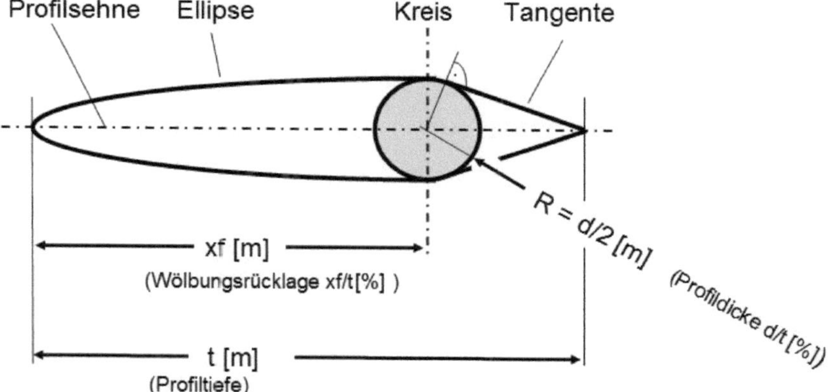

Figur 2

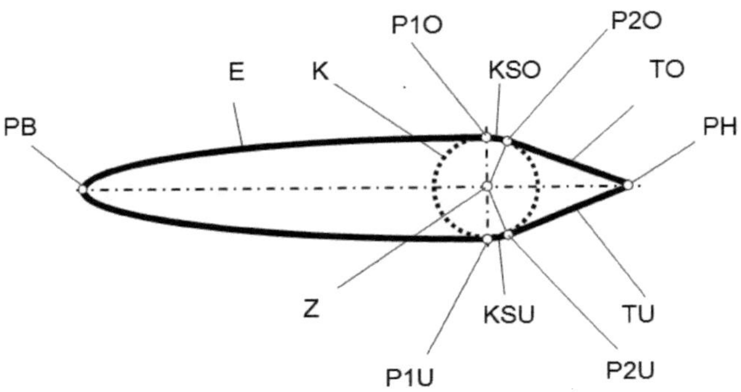

Figur 3

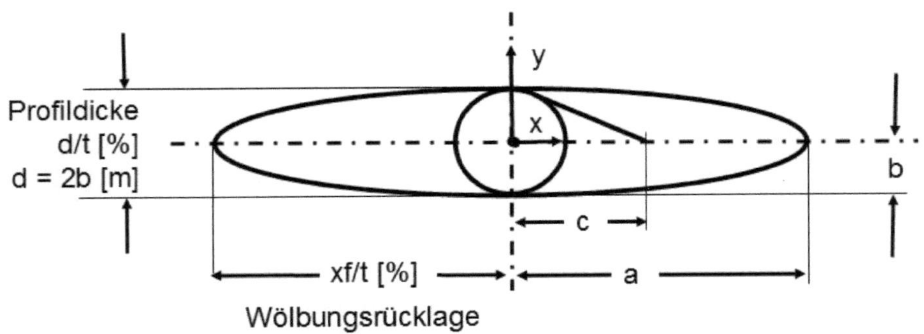

Figur 4

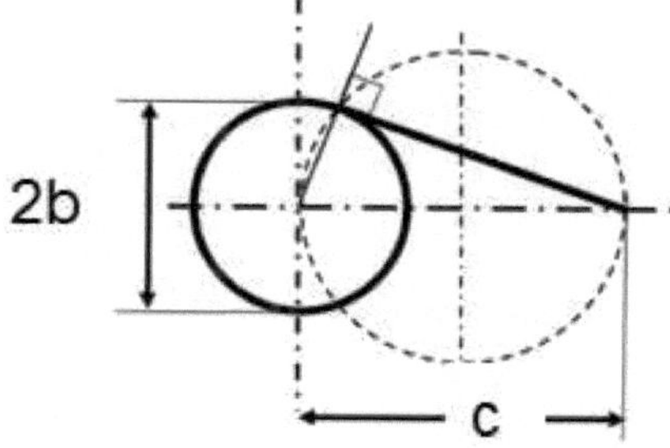

Figur 5

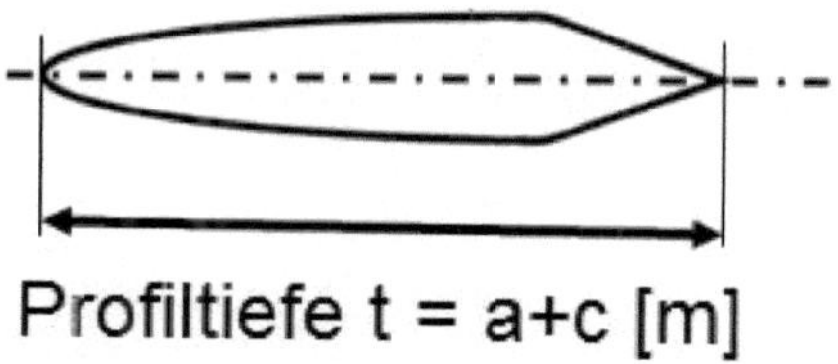

Figur 6

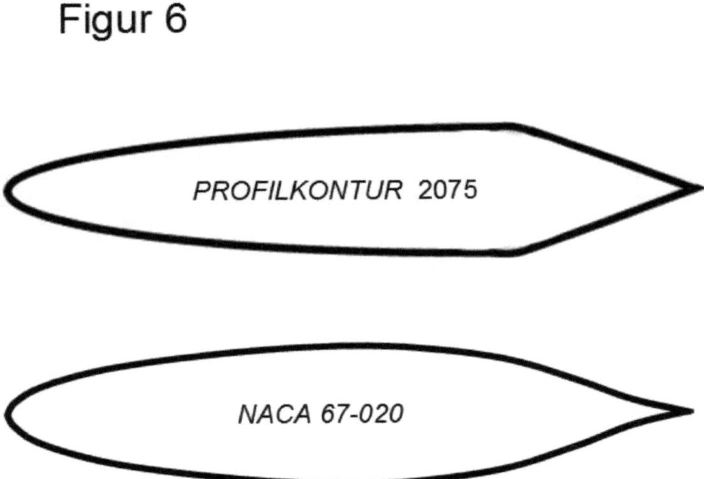

Tabelle 1
Auftriebsbeiwerte Ca [-] und Widerstandsbeiwerte Cw [-] über den Anstellwinkel a ['] für Re: 10E3 (Potentialtheoretische Berechnung)

KONTUR 20 75			NACA 67-020		
α [']	Ca [-]	Cw [-]	α [']	Ca [-]	Cw [-]
0,0	0,014	0,18561	0,0	-0,000	0,20919
1,0	0,141	0,18658	1,0	0,127	0,21029
2,0	0,050	0,18643	2,0	0,066	0,21175
3,0	0,170	0,18887	3,0	0,179	0,21476
4,0	0,326	0,13849	4,0	0,294	0,21990
5,0	0,341	0,14992	5,0	0,316	0,16577
6,0	0,446	0,15516	6,0	0,432	0,17701
7,0	0,549	0,16468	7,0	0,521	0,19593
8,0	0,640	0,18300	8,0	0,609	0,21717
9,0	0,724	0,20173	9,0	0,694	0,24521
10,0	0,803	0,23177	10,0	0,775	0,28989
11,0	0,878	0,26216	11,0	0,852	0,33003
12,0	0,944	0,30928	12,0	0,923	0,37227
13,0	1,004	0,36616	13,0	0,987	0,44521
14,0	1,055	0,41889	14,0	1,044	0,52208
15,0	1,096	0,50426	15,0	1,095	0,60208
16,0	1,129	0,57563	16,0	1,138	0,69027
17,0	1,152	0,68656	17,0	1,171	0,80730
18,0	1,165	0,77656	18,0	1,197	0,92813
19,0	1,170	0,91294	19,0	1,214	1,02311
20,0	1,167	1,03630	20,0	1,225	1,22496

<u>Tabelle 2.: verwendete Größen, Formeln, Stoffwerte</u>

Profiltiefe	t	[m]		
Profildicke	d = 2R	[m]		
spezifische Profildicke	d/t	[%]		
Profilwölbung	f	[m]		
spezifische Profilwölbung	f/t	[%]		
Wölbungsrücklage	xf	[m]		
spez. Wölbungsrücklage	xf/t	[%]		
Auftriebsbeiwert:	Ca	[-]		
Widerstandsbeiwert:	Cw	[-]		

Reynolds-Zahl $\quad$ Re $= v \cdot L\,/\,\nu$ $\quad$ $[m \cdot s^{-1}/m^2 \cdot s^{-1}]$, Re $\quad = v \cdot L\,/\,\nu$

Dichte $\quad \rho \quad [kg\ m^{-3}] \quad \rho(Luft) \quad =1{,}188$

kinematische Zähigkeit $\quad \nu \quad [m^2\ s^{-1}] \quad \nu(Luft) \quad =0{,}00001524$

Kreisgleichung: $\quad x^2 + y^2 = R^2$ $\qquad$ P(x,y): bel. Punkt des Kreises

Ellipsengleichung: $\quad (x^2/a^2) + (y^2/b^2) = 1$ $\qquad$ P(x,y): bel. Punkt der Ellipse

Tangentengleichung: $(x_B - x_0)(x - x_0) + (y_B - y_0)\,(y - y_0) = R^2$ $\quad$ P(x,y): bel. Punkt der Tangente

Bibliographie und Quellen

[Abbo-59] $\quad$ Ira H. Abbott, Albert E. von Doenhoff: Theory of Wing Sections: Including a Summary of Airfoil Data. Dover Publications, New York 1959,

[Eppl-90] $\quad$ Richard Eppler: Airfoil Design and Data. Springer, Berlin, New York 1990,

[Gorr-17] $\quad$ Edgar Gorrell, S. Martin: Aerofoils and Aerofoil Structural Combinations. In: NACA Technical Report. Nr. 18, 1917.

[Katz-01] $\quad$ Joseph Katz, Allen Plotkin: Low-Speed Aerodynamics (Cambridge Aerospace Series) Cambridge University Press; 2 edition (February 5, 2001)

[Mial-05] $\quad$ B. Mialon, M. Hepperle: "Flying Wing Aerodynamics Studies at ONERA and DLR", CEAS/KATnet Conference on Key Aerodynamic Technologies, 20.-22. Juni 2005, Bremen.

[W-1] $\quad$ http://de.wikipedia.org/wiki/Profil (abgerufen 11032013)

[W-2] $\quad$ The Airfoil Investigation Database, http://www.worldofkrauss.com/foils/578 (abgerufen 11032013)

[W-3] $\quad$ UIUC Airfoil Coordinates Database, (abgerufen 11032013) http://www.ae.illinois.edu/m-selig/ads/coord_database.html

BEI GRIN MACHT SICH IHR WISSEN BEZAHLT

- Wir veröffentlichen Ihre Hausarbeit, Bachelor- und Masterarbeit

- Ihr eigenes eBook und Buch - weltweit in allen wichtigen Shops

- Verdienen Sie an jedem Verkauf

Jetzt bei www.GRIN.com hochladen und kostenlos publizieren